ExcelHOME

U0180726

Power Query
数据清洗
实战

Excel Home◎著

北京大学出版社
PEKING UNIVERSITY PRESS

内 容 提 要

本书通过对多个实例的演示与讲解，详细介绍了Excel的最新功能组件Power Query在数据查询与数据转换方面的主要功能。全书共分为8章，主要包括Power Query编辑器的基本功能，常见数据类型的查询与导入，对原始数据进行合并、拆分、计算、转换等数据整理操作，Power Query中M公式的编写方法等。

本书语言风趣，专注于具体的应用场景，而不拘泥于功能本身，图示清晰、可操作性强且便于查阅，能有效帮助读者提高Excel的使用水平，提升工作效率。

本书主要面向Excel的初、中级用户以及IT技术人员，对于Excel高级用户也具有一定的参考价值。

图书在版编目(CIP)数据

Power Query数据清洗实战 / Excel Home著. —北京：北京大学出版社，2020.12
ISBN 978-7-301-31771-6

Ⅰ.①P… Ⅱ.①E… Ⅲ.①表处理软件 Ⅳ.①TP391.13

中国版本图书馆CIP数据核字(2020)第201719号

书　　　名	Power Query数据清洗实战	
	Power Query SHUJU QINGXI SHIZHAN	
著作责任者	Excel Home　著	
责 任 编 辑	张云静　孙　宜	
标 准 书 号	ISBN 978-7-301-31771-6	
出 版 发 行	北京大学出版社	
地　　　址	北京市海淀区成府路205 号　100871	
网　　　址	http://www. pup. cn　　新浪微博：@ 北京大学出版社	
电 子 信 箱	pup7@ pup. cn	
电　　　话	邮购部 010-62752015　发行部 010-62750672　编辑部 010-62570390	
印 刷 者	北京宏伟双华印刷有限公司	
经 销 者	新华书店	
	787毫米×1092毫米　16开本　13.25印张　301千字	
	2020年12月第1版　2022年11月第3次印刷	
印　　　数	7001-9000册	
定　　　价	69.00元	

序

我是一个懒人，一个在单元格中应该输入"0.5"的地方，都能懒得只敲个".5"的懒人。

正是因为这种"懒"，我绝无可能坐在电脑前，为寻找两个表的差异，让自己一双早已近视的小眼睛聚焦超过五分钟，因此我学会了Vlookup函数。

正是因为这种"懒"，我绝无可能坐在电脑前，为完成数据表的统计汇总，"祭"出抽屉深处的计算器，"蹂躏"其按键超过五分钟，因此我学会了数据透视表。

正是因为这种"懒"，我在单元格里"横冲直撞"这些年，竟然一不小心撞成了一个颇为资深的Excel玩家。

可是资深玩家也有为难的时候，如果面对的数据表不规范呢？数字和文本混在一个单元格里、数据表中大量使用合并单元格、数据表是一个不方便进一步统计的二维表，甚至数据表被分散到了不同的工作表或不同的工作簿……于是我自制了一个简陋的大喇叭，扯直了嗓子高声喊："各位'表哥''表姐''表弟''表妹'们，请改变你们的制表习惯，制作出规范的、有利于进一步统计汇总的数据源表吧！"

这个口号我喊了很久，而且几乎是逢人就喊，最后，我被一堆"表哥""表姐""表弟""表妹"们鄙视，理由无他，只因为Excel的内置功能在转换表格结构上可谓"硬伤重重"，这就意味着不能快速解决眼前的问题，反而会在一时之间增加许多工作量。所以，随着简陋的大喇叭因为日积月累的使用而越来越破旧，我逐渐萌生了将它扔进垃圾桶的念头。

这时，Power Query横空出世了。作为一个Excel玩家，我自然不会放任一个新功能天天躺在电脑里睡大觉，随之而来的各种折腾让我惊觉，原来我那个大喇叭确实可以扔了，因为Power Query正是用来进行数据查询和数据清洗的神器！前面提到的那些让Excel内置功能止步的问题，在Power Query面前简直就是小菜一碟。

于是我开始折腾Power Query了！

问题是，我除了是一个懒人以外，还是一个爱显摆的人。所以只让眼前的显示器默默地看着我的各种折腾，实在有负于我这个"爱显摆"的名声。

于是，与之相关的一些零零碎碎的博文和视频出炉了，系统讲解"异空间"的视频"Power Query数据清洗实战攻略"降世了……

于是，本书诞生了！

最后我还想说一句，Excel自身的内置功能有太多强大之处，我们学习Power Query的目的是让我们在解决现实工作中的各种问题时多一种思路，让工作更为简化高效，而不是抛弃Excel本身，把一切问题都交给Power Query来处理。

祝大家做表愉快！

前 言

自从微软公司发布 Power Query for Excel 以来,从最早的加载项形式,到如今与 Excel 完美结合,历经了多个版本的更新,现在已经成为 Excel 用于数据查询和数据清洗的重要功能,极大地提高了用户的工作效率。

本书围绕着 Power Query 的各项实际应用展开,以工作场景为主线,用诙谐幽默的语言和图示详细介绍了其技术特点和应用方法。全书从 Power Query 的技术背景与基本应用开始,逐步展开到 M 公式与 M 代码、各项功能的综合应用,及其与 Excel 自身的图表图形、数据分析、VBA 等的结合,形成了一套结构清楚、内容丰富的 Power Query 知识体系。

● 读者对象

本书面向的读者是所有需要使用 Excel 的用户。无论是初学者,中、高级用户,还是 IT 技术人员,都能从本书中找到值得学习的内容。当然,希望读者在阅读本书以前至少对 Windows 操作系统有一定的了解。

● 本书约定

在正式开始阅读本书之前,建议读者花上几分钟来了解一下本书在编写和组织上使用的一些惯例,这会对阅读本书有很大的帮助。

软件版本

本书的写作基础是安装于 Windows 10 专业版操作系统上的中文版 Office 365 企业版(最后更新于 2020 年 7 月的 Excel 2019 专业增强版,版本号为 16.0.13001.20338)。

Excel 2010/2013 可以通过下载并安装加载项的方式安装 Power Query，Excel 2016/2019 内置了 Power Query。自从微软推出 Office 365（现已改名为 Microsoft 365）套装以来，不同用户因为更新频率的差异会导致 Excel 的功能或局部显示界面略有变化。

尽管本书中的许多内容适用于不同版本的 Power Query for Excel，或者其他语言版本的 Excel，如英文版、繁体中文版等，但是为了能顺利学习本书介绍的全部功能，仍然强烈建议读者在最新版本的 Excel 环境下学习。

菜单命令

我们会这样来描述在 Excel 或 Windows 以及其他 Windows 程序中的操作，比如在讲到对某个 Excel 工作表进行隐藏时，通常会写成：在 Excel 功能区中单击【开始】选项卡中的【格式】下拉按钮，在其扩展菜单中依次选择【隐藏和取消隐藏】→【隐藏工作表】选项。

鼠标指令

本书中表示鼠标操作的时候都使用标准方法："指向""单击""右击""拖动""双击"等，读者需清楚地知道它们代表的操作。

● 阅读技巧

本书以实际应用为线索展开，尽量按照循序渐进的方式介绍不同功能与案例，越复杂的案例需要越多的操作，因此建议读者按顺序阅读，并且多加练习。

如果遇到困惑的知识点，不必烦躁，可以暂时先跳过，先保留个印象即可，今后遇到具体问题时再来研究。当然，更好的方式是与其他 Excel 爱好者进行探讨。如果身边没有这样的人，可以登录 Excel Home 技术论坛，这里有无数的 Excel 爱好者正在积极交流。

● 感谢

感谢 Excel Home 全体专家作者团队成员和多位微软 MVP 对本书的支持和帮助。

Excel Home 论坛管理团队和培训团队长期以来都是 Excel Home 图书的坚实后盾，他们是 Excel Home 中最可爱的人，在此向这些最可爱的人表示由衷的感谢。

衷心感谢 Excel Home 论坛的百万会员，是他们多年来不断的支持与分享，才营造出热火朝天的学习氛围，并成就了今天的 Excel Home 系列图书。

衷心感谢 Excel Home 微博的所有粉丝和 Excel Home 微信公众号的所有关注者，你们的"赞"和"转"是我们不断前进的动力。

● 后续服务

在本书的编写过程中，尽管我们的每一位团队成员都未敢稍有疏虞，但纰缪和不足之处仍在所难免。敬请读者能够提出宝贵的意见和建议，您的反馈将是我们继续努力的动力，本书的后继版本也将会更加完善。

您可以访问 http://club.excelhome.net，我们开设了专门的版块用于本书的讨论与交流。您也可以发送电子邮件到 book@excelhome.net，我们将竭力为您服务。

同时，欢迎您关注我们的官方微博（@Excelhome）和微信公众号（iexcelhome），我们每日都会更新很多优秀的学习资源和实用的 Office 技巧，并与大家进行交流。

《Power Query 数据清洗实战》配套学习资源获取说明

第一步 ● 微信扫描下面的二维码，
关注 Excel Home 官方微信公众号。

第二步 ● 进入公众号以后，
输入文字"异空间"，单击"发送"
按钮。

第三步 ● 根据公众号返回的提示进行操作，即
可获得本书配套的知识点视频讲解、
练习题视频讲解、示例文件以及本书
同步在线课程的优惠码。

也可扫描以下二维码，关注"博雅读书社"微信公众号，
输入"65328"获取。

资源下载

CONTENTS 目录

第 1 章

"异空间"简介

有个家伙，出道没几年就"吸粉"无数，它就是本书的主角：Microsoft Office之Excel中的Power Query。而这家伙之所以能"吸粉"无数，就是因为它在改变表格结构这个领域"手段"惊艳。

比如把图1-1中左边的"表一"转换成右边的"表二"，只需要一个命令按钮；再如把结构相同的多个工作簿里的数据，无论是2个、20个、200个、2000个还是更多，合并到一个工作表里，只需要单击几下鼠标，一分钟不到就可以完成，且数据源修改以后还可以一键刷新……其他的各种拆、各种算、各种转、各种并的手法更是层出不穷。

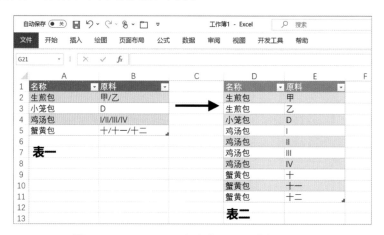

图 1-1　Power Query 快速整理不规范数据示例

然而令人迷惑的是，在Excel任何一个版本的功能区里，并没有直接与Power Query扯得上关系的命令按钮，那是因为这家伙其实存在于一个叫作【Power Query编辑器】的"异空间"中……

1.1　进入"异空间"

要想顺利进入"异空间"，没点手段肯定不行，尤其是Office 2010版和Office 2013版，需要先下载并安装插件；而Office 2016版、Office 2019版和Office 365相对省事点，不需要专门下载安装；至于古董级的Office 2007及以下版本，则与Power Query无缘，请"节哀"！

进入"异空间"的按钮并不存在于明面上，而是在【数据】选项卡下的【获取和转换数据】组里，其中【获取数据】下拉选项里的内容是主打。它的前五组选项分别是【来自文件】【来自数据库】【来自Azure】【来自在线服务】和【自其他源】，通过这五组选项中的任何一个进入"异空间"，就可以导入相应类型的数据。图1-2展示了其中三组选项中的具体内容。

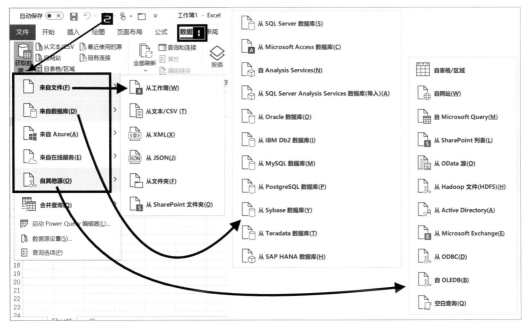

图 1-2 进入"异空间"的各个"传送门"

至于【获取数据】右侧的五个命令按钮，则是作为进入"异空间"的快捷"传送门"。比如其中的【从文本/CSV】按钮（图 1-3），在【获取数据】中的【来自文件】里也有同样的【从文本/CSV】选项，两者所实现的功能完全一样。

图 1-3 进入"异空间"的五个快捷"传送门"

要点提示：进入【Power Query 编辑器】

● Excel 界面【数据】选项卡下【获取和转换数据】组中的命令按钮

哪些可以作为Power Query的数据源呢？这就又涉及一个问题，有些家伙虽然对表格结构不限制，但容量有限，比如Excel里的一个【工作表】最多只能容纳1048576【行】、16384【列】数据；有些容量几乎无限，但是对表格结构却有限制，比如包含【合并单元格】的表格，绝对要被"拒之门外"。但是"异空间"对这些"通吃"！

图1-4所示的Access数据库（素材：01-数据源.accdb）里面有三个表，其中"江苏省"这个表里一共有1049026条数据。这样的数据量，Excel一个工作表肯定无法"吞"下去，但是"异空间"就可以。

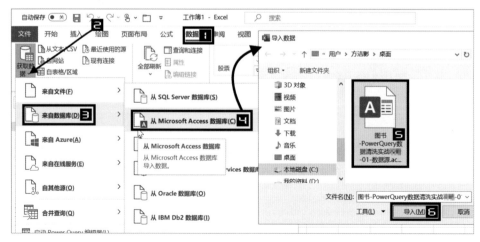

图1-4 超出一个工作表容量的 Access 数据源

在【数据】选项卡下，选择【获取数据】→【来自数据库】中的【从 Microsoft Access 数据库】选项，接下来在【导入数据】对话框中定位目标文件，也就是找到刚才那个Access数据库文件，然后单击【导入】按钮，如图1-5所示。

图1-5 从 Access 数据库中导入数据

片刻后，会弹出一个显示详细信息的【导航器】对话框，如图 1-6 所示。这里同样有三个表，和 Access 数据库里的一模一样，可以选择其中之一，也可以勾选【选择多项】复选框以后，再选择两个以上的表。最后，单击【转换数据】按钮，Access 数据库里的数据就愉快地进入【Power Query 编辑器】这个"异空间"了。

图 1-6 在【导航器】对话框中选取需要导入的表

要点提示： 从 Access 数据库导入数据到 Power Query

- 进入 Power Query 编辑器：Excel 界面→【数据】→【获取数据】→【来自数据库】→【从 Microsoft Access 数据库】→定位目标文件→【导入】→选取需要导入的表（可多选）→【转换数据】

- 直接加载数据到 Excel 工作表中：Excel 界面→【数据】→【获取数据】→【来自数据库】→【从 Microsoft Access 数据库】→定位目标文件→【导入】→选取需要导入的表（可多选）→【加载】

- 在 Power Query 编辑器中直接导入：【Power Query 编辑器】→【主页】→【新建源】→【数据库】→【Access】→定位目标文件→【导入】→选取需要导入的表（可多选）→【确定】

1.2 "异空间"界面

"异空间"虽然有点"异"，但它毕竟是 Office 大家族的成员之一，所以与其他成员的整体结构相似，如图 1-7 所示。

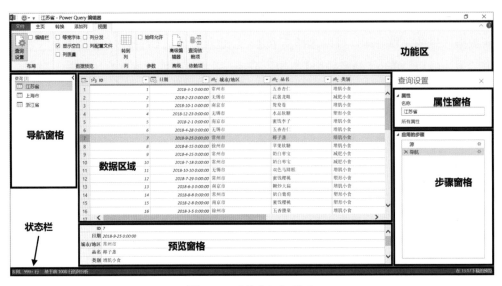

图 1-7　"异空间"界面

　　界面中所占面积最大的就是显示数据的区域,图中所显示的虽然已经不能再称为"工作表",而是叫作"查询表",但是【行】【列】【单元格】这些称呼依旧沿用。当然,这块区域并不是只显示"查询表",有时候也会有一些其他的,比如【参数】【自定义函数】来"露个脸"。

　　选取"查询表"中任意一行或一个单元格时,数据区域的下方会有个详细信息冒出来,尤其当表中一些数据被折叠的时候,这里就相当于【预览窗格】了。

　　界面的最上方是【功能区】,主要有【主页】【转换】【添加列】和【视图】四个选项卡,当选取了某些对象后,可能会增加相应的选项卡。另外,还有一个【文件】选项卡,其功能与 Office 软件其他组件中的【文件】选项卡类似。

　　双击除【文件】选项卡以外的任何一个选项卡标题,可以显示或隐藏功能区,如图 1-8 所示。

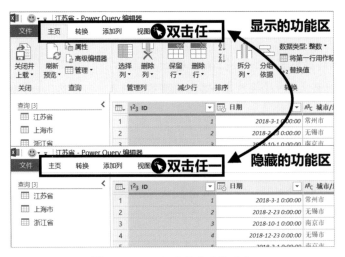

图 1-8　显示和隐藏【功能区】

界面左侧是【导航】窗格，也是Office软件的"标配"之一，可以通过单击【导航】窗格右上角的"＜"或"＞"按钮折叠或展开其中的内容，如图1-9所示。

图1-9　展开与折叠【导航】窗格

【导航】窗格是管理表格的区域，如图1-10所示。选取查询表后右击调出快捷菜单，就能进行一些基础操作，比如复制、粘贴、重命名、移动等。值得一提的是，这里有两个【复制】命令，上面那个相当于Copy，就是单纯的复制，离不开其搭档【粘贴】；而下面那个【复制】相当于Duplicate，是位特别能干的"独行侠"，包揽了复制和粘贴两项工作。

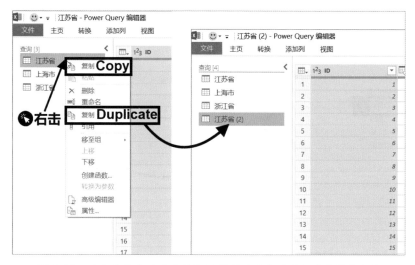

图1-10　选取查询表后的右键快捷菜单及其中的两个【复制】命令

在不同的位置右击，会调出不同的快捷菜单。除了上述的右击单个查询表所显示的快捷菜单以外，在【导航】窗格的空白处右击和选取多个查询表后右击，所调出的快捷菜单也都不相同，如图1-11所示。通过对这些快捷菜单里功能的操作，可以进行类似于"文件夹管理"的操作，比如【新建组】【移至组】等，借此对查询表进行很好的分类管理。

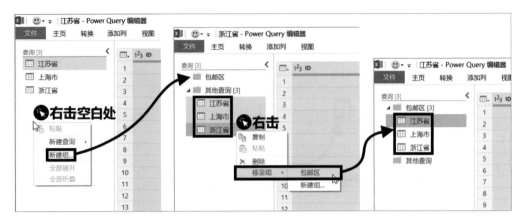

图 1-11 在不同位置右击会调出不同的快捷菜单

界面的底部是【状态栏】，可以显示查询表的行数与列数，以及上一次刷新的时间。但是当数据超过一定量以后，【状态栏】可能会"闹小脾气"，只显示"999＋行"。

不过不用担心，知道完整行数的办法很多，比如单击【转换】选项卡下的【对行进行计数】按钮，这个表有多少行数据，想瞒都瞒不住，如图 1-12 所示。很明显，图中的查询表把单个Excel工作表无法容纳的 1049026 条数据都"吞"下去了。

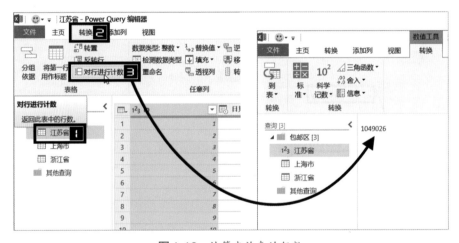

图 1-12 计算查询表的行数

界面右侧的【查询设置】窗格，默认是显示状态。觉得它碍事的话可以单击窗格右上角的【×】按钮将其关闭。当再次需要使用其中的功能时，单击【视图】选项卡下的【查询设置】按钮，这个窗格就又会冒出来，如图 1-13 所示。

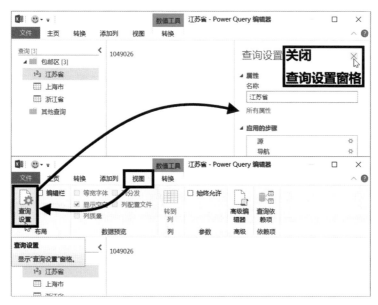

图 1-13 显示与隐藏【查询设置】窗格

【查询设置】窗格包括【属性】和【应用的步骤】两个部分，这两个部分的具体内容都可以分别折叠或展开，只要单击【属性】或【应用的步骤】左侧的小三角即可，如图 1-14 所示。

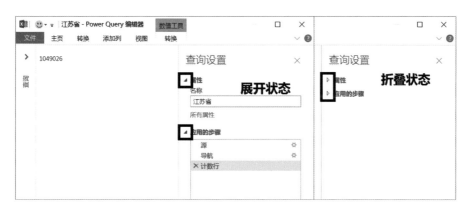

图 1-14 展开与折叠【属性】和【应用的步骤】

上半部分的【属性】区域可以方便快捷地修改查询表表名，下半部分的【应用的步骤】会把查询过程中的所有操作步骤都记录下来。单击各步骤右边的设置符号，可以显示该步骤的具体细节，以方便修改。而各步骤左边的删除符号，则是用来"抹杀"其曾经存在的痕迹，一旦删除，就会连记录带实施过程全部消失。例如，刚才操作的"计数行"步骤，原本显示查询表的地方变成了一个数字，这一步骤对下一步的操作并无太大意义，所以将其删除，恢复到刚导入数据的状态，如图 1-15 所示。

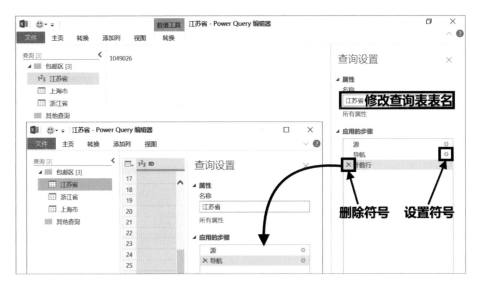

图 1-15　【查询设置】窗格中的设置

　　右击指定步骤打开快捷菜单以后，还有一些其他的操作，基本上都是与步骤相关的删除、插入、移动等，这里让它们先"露个脸"，如图 1-16 所示，后续会安排它们逐个上场表演。

图 1-16　【应用的步骤】快捷菜单

要点提示: Power Query 编辑器界面

● 数据区域: 显示查询表或参数、自定义函数等

● 预览窗格: 选取数据区域中的指定区域时，可显示其具体内容

- 功能区：包含所有命令按钮
- 导航窗格：管理组、查询表与其他数据表
- 状态栏：显示查询表的行数与列数，以及上一次刷新的时间
- 查询设置：包括属性窗格和步骤窗格
- 属性窗格：修改查询表或其他数据表表名
- 步骤窗格：管理操作步骤

1.3 回"现世"

虽然"异空间"是一个独立的窗口界面，但是一旦进入，与 Excel 工作表之间就不能通过切换窗口的方式随意转换了，也就是说，"现世"与"异空间"无法并存。那么，要怎么回"现世"呢？很简单，只要在【主页】选项卡下单击【关闭并上载】按钮即可，这样不仅可以顺利回"现世"，还能保存之前在"异空间"里的所有操作，如图 1-17 所示。

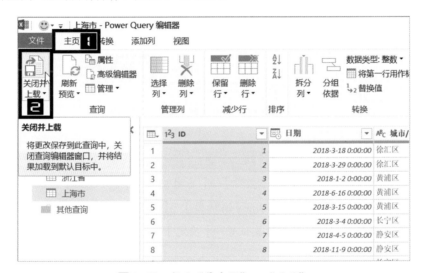

图 1-17　离开"异空间"回"现世"

回到"现世"以后，"异空间"中所有的查询表直接进入工作表中，并以"超级表"①的形态展现。但是，这并不是回"现世"的唯一选择，事实上，一共有四种选择：默认的【表】和【数据透视表】【数据透视图】②【仅创建连接】。【表】就是工作表里的"超级表"；【数据透视表】和【数据透视图】都是

---

① "超级表"即【表】或【表格】，"超级表"本身并非 Excel 中的命令名称，而是为区分普通表和【表格】而形成的约定俗成的名称。

② 关于属于 Excel 操作的【表】【数据透视表】【数据透视图】等的含义、作用及具体操作，请参考相关图书或资料，本书中不做介绍。下同。

统计报表，并不是数据源；而【仅创建连接】特别适用于数据量大到一个工作表"吞"不下，但又不想让它出统计报表的情况。

示例文件中"江苏省"这个查询表的数据明显就最适合用【仅创建连接】。如图1-18所示，单击【关闭并上载】下拉按钮，从下拉选项中选择【关闭并上载至…】选项。在弹出的【导入数据】对话框中，选中【仅创建连接】单选按钮。单击【确定】按钮以后，同样可以回到"现世"。

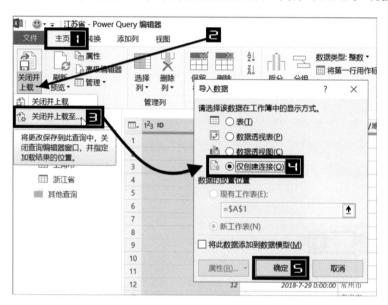

图1-18　上载数据的显示方式和放置位置

- 直接上载：【Power Query编辑器】→【主页】→【关闭并上载】
- 选择上载显示方式后上载：【Power Query编辑器】→【主页】→【关闭并上载】→【关闭并上载至…】→选择上载显示方式和数据放置位置→【确定】

这样一来，"现世"的工作表里空空如也，而且这个工作簿的大小只有十几kB。那是因为工作簿中只有一个查询的链接，并没有实实在在的数据，所以用【仅创建链接】的方式导入再多数据都不用担心工作簿会"爆掉"。

"现世"的工作表里虽然什么都没有，但是在窗口的右侧却多出来一个【查询&连接】窗格，将鼠标指针悬浮在任意一个查询表上的时候，又会出现一个预览窗格，显示这个查询表的大致结构及一些设置选项。如图1-19所示。

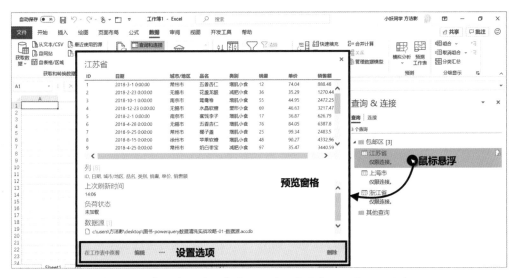

图 1-19 【查询 & 连接】窗格及其对查询表的预览和设置选项

这三个查询表，除了"江苏省"以外，另外两个表并没有太多数据，所以导入工作表里也不会"引爆"工作簿。假设需要更改"上海市"这个查询表的数据显示方式，则如图 1-20 所示，将鼠标指针悬浮在【查询 & 连接】窗格中"上海市"的表名上，单击由此出现的预览窗格中【编辑】按钮右边的【…】按钮，在弹出的下拉选项中选择【加载到…】，之前在"异空间"里选择【关闭并上载至…】后出现的对话框会再度出现。这时就可以重新选择显示方式，比如选中【表】单选按钮，并为其选择一个放置位置，默认是【现有工作表】中的 A1 单元格。单击【确定】按钮以后，稍等片刻，它就会以"超级表"的形态展现在工作表中的指定位置，同时，从【查询 & 连接】窗格里还可以看到它一共加载了多少行数据。

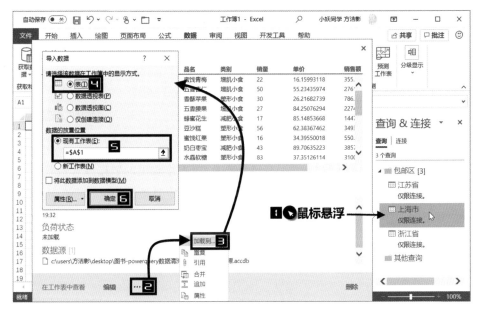

图 1-20 更换上载数据的显示方式和放置位置

要点提示：更换上载方式

- Excel界面→【查询&连接】窗格→鼠标指针悬浮至待更改上载方式的查询表表名上→【…】→【加载到…】→重新选取上载显示方式和数据放置位置→【确定】
- Excel界面→选取查询表中的任意单元格→【查询】→【加载到…】→重新选取上载显示方式和数据放置位置→【确定】

1.4 再进"异空间"

从"异空间"回"现世"以后，Excel界面中就多了个【查询&连接】窗格。将鼠标指针悬浮在表名上，直接单击预览窗格里的【编辑】按钮，如图1-21所示，或者更加简单粗暴地双击【查询&连接】窗格里的查询表表名，就可以再次方便地进入"异空间"了。

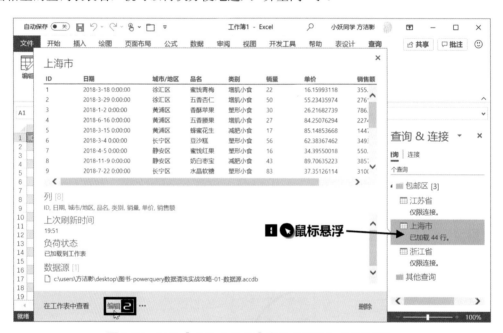

图1-21 通过【查询&连接】窗格重新进入"异空间"

但是，【查询&连接】窗格似乎"长"得有点"欠揍"，工作表里的数据经常被其挡住，即使34英寸的带鱼屏显示器都无法完整显示。"欠揍"窗格的下场铁定是被"咔嚓"关掉，这下要到哪里去找再次进入"异空间"的"传送门"呢，总不能再来一次数据获取吧？当然不需要，只要单击【数据】选项卡下的【查询和连接】按钮，就可以把那个"欠揍"的窗格再次打开，如图1-22所示。

图 1-22　关闭与重新打开【查询 & 连接】窗格

或者在选取了查询结果表中的任意单元格以后，功能区会多出来一个【查询】选项卡，在这个选项卡下也都是一些和"异空间"相关的操作。例如，单击其中的【编辑】按钮，同样可以再度进入"异空间"，如图 1-23 所示。

图 1-23　从【查询】选项卡下重新进入"异空间"

要点提示：重新进入【Power Query 编辑器】

● Excel界面→【数据】→【查询和连接】→【查询 & 连接】窗格→鼠标指针悬浮至任意查询表表名上→【编辑】

- Excel界面→【数据】→【查询和连接】→【查询＆连接】窗格→双击查询表表名
- Excel界面→选取查询表中的任意单元格→【查询】→【编辑】
- Excel界面→【数据】→【获取数据】→【启动Power Query编辑器】

1.5 导入 Excel 中的数据

Excel自己可以作为Power Query的数据源吗？答案是：当然可以。

在【数据】选项卡下，依次选择【获取数据】→【来自文件】→【从工作簿】选项（素材：01-数据源.xlsx），就会进入定位目标文件的步骤。这和导入Access数据库的过程没有太大差别，无非就是找到数据源工作簿以后，单击【导入】按钮。如图1-24所示。

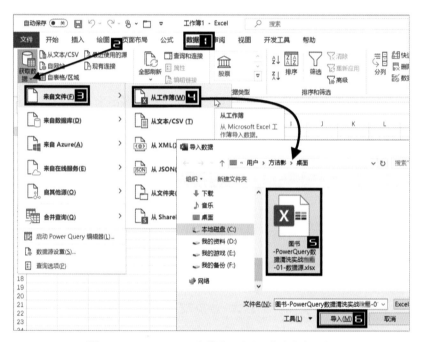

图1-24 从 Excel 工作簿导入数据到"异空间"

数据源工作簿中只有一个工作表Sheet 1，但是导入以后，【导航器】里却出现了三个表，分别是"表1""data"和"Sheet 1"，如图1-25所示，这是怎么回事呢？看来得先单击【取消】按钮，中断导入操作回到"现世"，打开数据源工作簿来探查一番了。

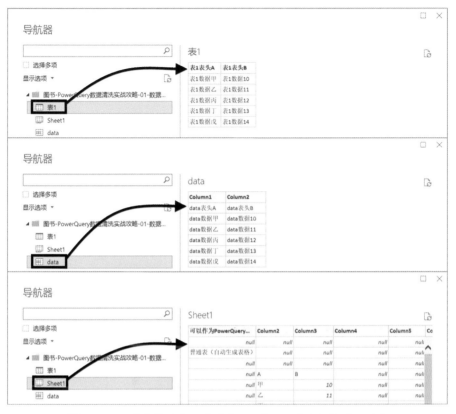

图 1-25 从【导航器】里看到的可以导入"异空间"的三种表

原来在这个工作簿里，除了有一个叫"Sheet 1"的【工作表】外，还有一个叫"表 1"的"超级表"和一个叫"data"的【自定义名称】，所以在【导航器】里显示的三个表，就分别是这三个"小家伙"，如图 1-26 所示。

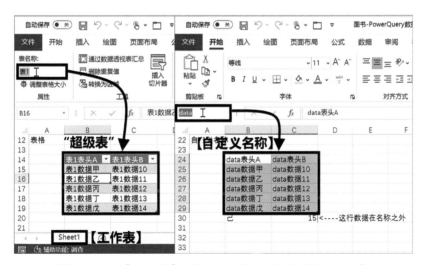

图 1-26 从【工作表】里查看可以导入"异空间"的三种表

- Excel界面→【数据】→【获取数据】→【来自文件】→【从工作簿】→定位目标文件→【导入】→选取需要导入的表（可多选）→【加载】或【转换数据】
- 【Power Query编辑器】→【主页】→【新建源】→【文件】→【Excel】→定位目标文件→【导入】→选取需要导入的表（可多选）→【确定】

由于Power Query就是"长"在Excel里的，所以还可以直接在【工作表】中获取数据进入"异空间"，就是选取对象以后单击【数据】选项卡下的【自表格/区域】按钮。已成为"超级表"的表自然是不用说，直接就能进入"异空间"；未成为"超级表"的表，单击【自表格/区域】按钮以后，会弹出一个【创建表】对话框，单击【确定】按钮，让原来的普通表摇身一变成为"超级表"后，再进入"异空间"，如图1-27所示。

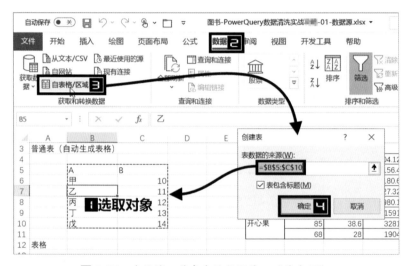

图1-27 直接将工作表中的数据导入"异空间"

在Excel中，如果数据表的数据区域中没有空【行】空【列】，那么选取其中任意一个有内容的【单元格】后单击【自表格/区域】按钮，数据源不是被选取的那一个单元格，而是会自动扩展成整个数据表。如果表不是特别规范，最好还是选取整个数据表，以免出现多选了一行或少选了一列的情况，那就要再回过头来重新操作了。

另外，获取数据时，【自定义名称】可以作为Power Query的数据源，【自表格/区域】也不例外。在选取对象的时候，【名称】范围如果和数据区域大小一致，则选取【名称】中任意一个单元格后单击【自表格/区域】按钮，就可以直接进入"异空间"，且查询表的数据源就是这个【名称】。

但是【名称】范围如果和数据区域不一致，则需要选取整个【名称】的范围。例如，图1-28中显示的【名称】data的范围是B24:C29单元格区域，如果事先选取的是这个范围内的任意一个单元格，单击【自表格/区域】按钮后就会弹出【创建表】对话框，并将默认数据源范围扩展成

B 24∶D 30 单元格区域。如果一开始就选取 B 24∶C 29，则会直接以"data"作为数据源进入"异空间"。

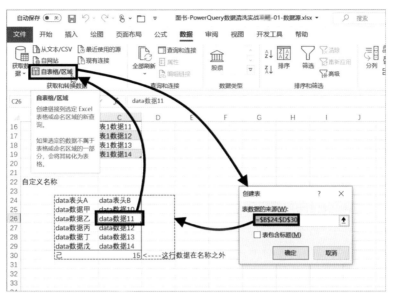

图 1-28 【自定义名称】范围比数据区域小时需要选取整个【名称】范围

要点提示：从Excel表格导入数据到Power Query

● Excel界面→选取对象→【数据】→【自表格/区域】→【创建表】→【确定】
● Excel界面→选取对象→【数据】→【获取数据】→【自其他源】→【自表格/区域】→【创建表】→【确定】

1.6　数据源与查询表的关系

在"异空间"里能对数据进行改变吗？答案是肯定的，但是这种改变都是在原始数据的基础上进行的一些调整，比如图 1-29（素材：01-查询联动.xlsx），数据源的表中只有两列——"姓名"和"数据"，可以在"异空间"里以"姓名"为基础多加一列，在每个名字前面加个"路人"，变成"路人甲""路人乙"……或把"数据"里的10、9、8、7……全部都翻个倍、除个整、加个数、减个值等，这些都可以。但是如果想凭空造一个表中原本没有的内容，或者单单把数据源表里的某一个值进行修改，那就不行。最重要的是，修改以后的查询表，无论以何种形式出现在工作表或数据模型里，其数据源都不会有任何改变。

图 1-29 数据源不会随查询表的变化而变化

反过来，修改数据源表里的内容以后可以改变查询表。还是这个表，现在把数据源改一下，如图 1-30 所示，在最后一个"姓名"（"癸"）后面加上"子""丑""寅""卯"四个数据，然后在【数据】选项卡下单击【全部刷新】按钮，查询表就联动了，而且连新添加的"前缀"列也随着刚才的设置规则联动，把"路人"也加了进去，变成了"路人子""路人丑""路人寅""路人卯"。

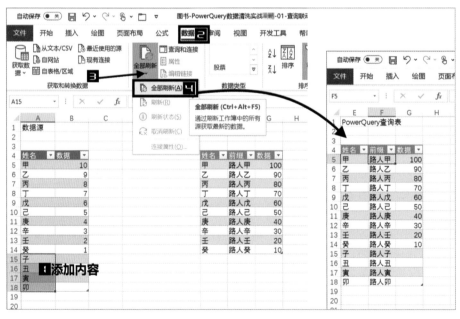

图 1-30 查询表随数据源的变化而变化

这种刷新按钮在其他选项卡下也有，比如【查询】选项卡和【表设计】选项卡，"异空间"里自然也不会缺少刷新功能。如果修改数据源以后，"异空间"需要及时联动，可以单击【主页】选项卡下的【刷新预览】按钮，如图 1-31 所示。

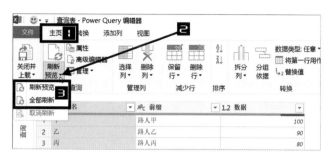

图 1-31   "异空间"里的【刷新预览】

所有的刷新功能，无论在功能区里的命令按钮叫什么名字，基本上都分成两种：刷新当前表和全部刷新。这种刷新的意义在于，当数据源发生变化时，Power Query 所生成的数据可以随数据源的变化而联动更新。

要点提示：让 Power Query 生成的数据随数据源的变化而联动更新

- Excel 界面→【数据】→【全部刷新】
- Excel 界面→选取查询表中的任意单元格→【查询】→【刷新】
- Excel 界面→选取查询表中的任意单元格→【表设计】→【刷新】
- 【Power Query 编辑器】→主页→【刷新预览】

一旦一个工作簿里存在"异空间"，保存关闭后再次打开，在【功能区】和【编辑栏】之间就会有一个"已禁用外部数据连接"的提示。遇到这种情况，只要能确定数据来源，尽管大胆地单击【启用内容】按钮，如图 1-32 所示。因为只有启用了内容以后，查询表中的数据才会"活"过来，可以通过刷新让查询结果随数据源的变化而联动变化。

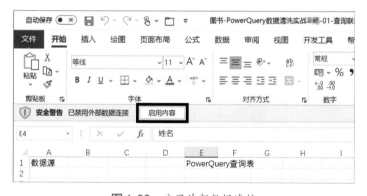

图 1-32   启用外部数据连接

了解了"异空间"里的一些基础操作，接下来就可以拿数据来实战了。

第 2 章

处理数据

上一章介绍了"异空间"里的一些基础操作，接下来就可以进行数据实战了。处理数据需要数据源表，就拿一个 JSON 文件"开刀"吧。JSON 是 JavaScript Object Notation 的缩写，这是近年来的主流数据格式之一，采用独特规则的文本格式来存储和表示数据，这种格式的文件扩展名就是".json"。

示例文件（素材：02-展开数据.json）是一个从网上下载的 JSON 文件，如果用记事本程序打开的话，里面的数据和乱码看上去没有太大区别，如图 2-1 所示。但是，"异空间"却可以把它"收拾"得服服帖帖。

图 2-1　用记事本打开 JSON 示例文件的原始数据

2.1　导入 JSON 文件

先新建一个 Excel 工作簿，在【数据】选项卡下，依次选择【获取数据】→【来自文件】→【从 JSON】选项，然后打开【导入数据】对话框，定位目标文件，找到刚才的 JSON 文件后，单击【导入】按钮，如图 2-2 所示。但是接下来并没有如期地出现【导航器】窗口，而是直接就进入了"异空间"。

要点提示：从 JSON 文件导入数据到 Power Query

- Excel 界面→【数据】→【获取数据】→【来自文件】→【从 JSON】→定位目标文件→【导入】
- 【Power Query 编辑器】→【主页】→【新建源】→【文件】→【JSON】→定位目标文件→【导入】

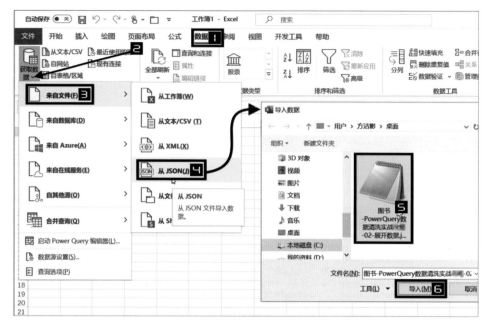

图 2-2 从 JSON 文件中导入数据到"异空间"

不过这次"异空间"的状态有点怪，【转换】和【添加列】选项卡下所有的命令按钮都呈现不可用的状态。此外，还多出来一个【列表工具转换】选项卡，如图 2-3 所示，这是"闹哪样"呢？从这个多出来的选项卡可以看到，这次导入的是一个【列表】，而不是【查询表】。

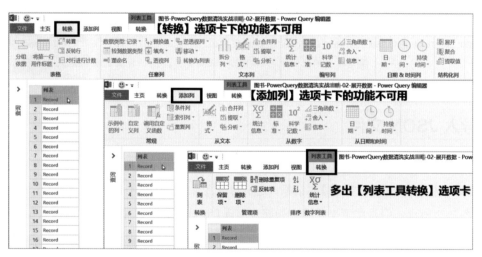

图 2-3 【列表】状态

列表里的每一条记录都是"Record"，表示这是被折叠的数据。单击任意一个"Record"以后可以将其展开，但是能看到的也只是众多数据中的一个，对处理数据毫无帮助。所以，刚才的单击步骤必须"咔嚓"删除。删除步骤的操作非常简单，只要在【查询设置】的【应用的步骤】窗格里单击最后一个"导航"步骤左边的删除符号，这个列表就被"打回原形"了，如图 2-4 所示。

图 2-4　删除步骤

难道只能"望表兴叹"了？当然不是，只要把【列表】转换成【查询表】就行了。在新冒出来的【列表工具转换】选项卡下单击【到表】按钮，在弹出的【到表】对话框里虽然还有一些设置，但基本上都可以忽略，直接单击【确定】按钮，然后这个【列表】就华丽地变身为【查询表】了，如图 2-5 所示。如此一来，【转换】和【添加列】选项卡里也不再是"灰蒙蒙"的一片了。

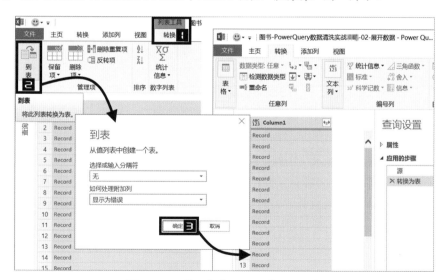

图 2-5　将【列表】转换为【查询表】

要点提示: 将列表转换为查询表

- 【Power Query 编辑器】→选取列表→【列表工具转换】→【到表】→输入分隔符→处理附加列→【确定】

不过刚才的操作只是转换，并没有对表里的内容做任何修改，所以查询表里仍然是一堆"Record"。要处理这些数据肯定不能逐个单击，而是要单击标题右端的【展开】按钮，如图 2-6 所示，或者单击【转换】选项卡下的【展开】按钮来处理整列。使用这两种展开方式所弹出的窗格（对话框）虽然有细微的差异，但总体功能还是一致的。

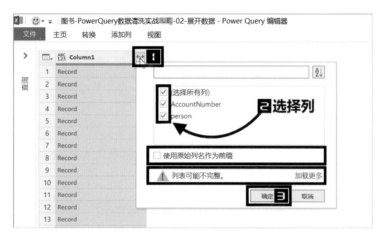

图 2-6 将折叠的数据整列展开

展开后窗格（对话框）的"长相"有点类似于筛选窗格，其选择方式也和"筛选"如出一辙，需要展开哪些列，只要勾选标题名前的复选框即可。此处当然是要选择所有列，保持默认设置即可，最后单击【确定】按钮，一整列的"Record"就全部展开了。

这里有两个设置需要关注。一个是当数据列数很多的时候，供选择的列并不会全部显示出来，所以会有一个【列表可能不完整】的警示标记，只要单击右边的【加载更多】按钮就可以显示完整的列表。

另一个就是"前缀"的问题。数据表的每一列都有一个"标题"，也就是俗称的"表头"，查询表也不例外。但是"异空间"里任何一种表的标题都必须是唯一的，不能重复，所以展开窗格里默认会为原标题加上前缀以避免重复。例如，原来的"AccountNumber"，展开以后会变成"Column 1. AccountNumber"（使用【转换】选项卡下的【展开】命令，在弹出的对话框中可以自定义前缀内容）。但是这样一来，标题难免会变得巨长，这时可以取消勾选【使用原始列名作为前缀】复选框，让前缀不显示。只是当展开的数据中有与原表中一模一样的标题时，第二次出现的标题会在原标题后面自动加".1"来避免重复。

要点提示：展开整列数据

- 【Power Query 编辑器】→【展开】→【加载更多】→选择展开列→选择是否需要【使用原始列名作为前缀】→【确定】
- 【Power Query 编辑器】→选取对象→【转换】→【展开】→【加载更多】→选择展开列→修改或删除【默认的列名前缀】→【确定】

接下来再单击列标题右端的【展开】按钮时，会有一个选项，这里选择【扩展到新行】即可，如图 2-7 所示。

图 2-7　将 List 转换为 Record

在历经了五次【展开】或【扩展到新行】操作以后，最终的数据才会完全显露出来，一共 1000 行、11 列。

2.2　整理标题（表头）

经过一番折腾，这个查询表终于露出全貌了，只是表中全部都是"蚯蚓文"（英文）。"姓"和"名"用"蚯蚓文"也就算了，需要尊重有关证件上的写法，但其他内容，比如整个标题行都是"蚯蚓文"，太难为广大没有通过英语四、六级的用户了，必须得改。第一列"AccountNumber"，用【转换】选项卡下的【重命名】命令将其改成"账号"，这是中规中矩型的操作；直接双击列标题修改，这是简单粗暴型的操作。输入新的标题名后可以按【Enter】键完成修改，如图 2-8 所示。

图 2-8　修改标题名

修改后的标题名从左到右依次为"账号""名""姓""销售单号""订单日期""到期日""发运日期""小计""税""运费"和"总计"。

要点提示：重命名标题

- 【Power Query 编辑器】→双击标题名→修改标题名→【Enter】
- 【Power Query 编辑器】→选取对象→【转换】→【重命名】→修改标题名→【Enter】

2.3　整理数据类型

查询表里的数据虽然已经完整显示，但还不完美。比如表中有三列分别是"订单日期""到期日"和"发运日期"，初步判断它们应该是【日期】类型的数据，但是从【主页】选项卡下的【数据类型】或【转换】选项卡下的【数据类型】里可以看到，它们现在属于【任意】类型，如图2-9所示。

图 2-9　查看数据类型

【任意】的意思就是没有限制，这样的数据可以是任何一种类型，如【文本】类型、【整数】类型或【日期】类型等。上述三列"假装"自己是【文本】类型，但是它们分明是日期，虽然似乎比日期多了点什么。

好在那些多出来的内容也很有规律，就是"T00：00：00"。这里可以使用【替换值】命令来处理，将多出来的这一部分替换为空即可。这一功能有两个"传送门"，一个在【主页】选项卡下，替换步骤如图2-10所示，另一个在【转换】选项卡下。

图 2-10　将表中指定数据替换

　　所有操作的第一步都是选取对象，这里也不例外。在进行【替换值】操作时，这个选取对象还很特别，如果事先选取的是1列，那么替换操作就在这1列里进行；如果同时选取了3列，替换操作就在这3列里进行。但如果选取的是一个单元格呢？答案是：替换操作会发生在被选取的单元格所在的那列里，与选取整列的替换范围一样。

　　在实际操作中，选取整列后，【替换值】对话框里是空的，而选取了一个单元格以后，这个单元格里的内容就自动被填进【替换值】对话框中【要查找的值】里了，如图2-11所示。所以实际操作时，如果只在1列里进行替换，选取一个单元格比选取整列能省去好多打字的"体力活"。

图2-11　选取不同对象时【替换值】对话框的差异

要点提示：替换

● 【Power Query编辑器】→选取对象→【主页】或【转换】→【替换值】→分别填写【要查找的值】和【替换为】的内容→设置高级选项（仅文本类型的替换值）→【确定】

　　事实上，在"异空间"里，很多针对列的操作，选取一个单元格就相当于选取了这个单元格所在的一整列。

　　经过上述替换操作，这三列数据虽然看上去更像日期了，但仍然是【文本】类型，还需要继续修改【数据类型】才能变成真正的【日期】型数据。在【主页】选项卡或【转换】选项卡下，单击【数据类型】下拉按钮，会出现一个下拉选项，在其中选择【日期】类型，这是中规中矩型的操作；如图2-12所示，单击列标题左端的【数据类型】按钮，在弹出的下拉选项里选择【日期】类型，这是简单粗暴型的操作。如果只有一列要改，当然是简单粗暴型的操作更省力。

图 2-12 修改数据类型

- 【Power Query 编辑器】→选取对象→【主页】或【转换】→【数据类型】→查看或选择数据类型
- 【Power Query 编辑器】→【数据类型】→查看或选择数据类型

实际上，还有个更简单粗暴型的操作，就是使用【转换】选项卡下的【检测数据类型】功能，这一功能会将数据一键转换成最符合实际的那种类型。此处甚至不需要事先使用【替换值】功能将每个单元格里的"T00：00：00"替换为空，直接就可以一键将其自动转换成【日期/时间】类型，如图 2-13 所示。

图 2-13 检测并自动更改为最适合的数据类型

因为这个数据源非常特殊，是进行了多次展开后才正常显示的，所以每一列的数据都是【任意】类型。而正常情况下直接导入的数据会有一些自动步骤，其中之一就是检测已有数据并自动更改其类型。

　　假设这个JSON文件里的数据已经存在于一个工作表里（素材：02-处理数据.xlsx），将其以【自表格/区域】的方式导入"异空间"，则会自动生成"更改的类型"这一步骤，自动调整每一列的数据类型，那些古怪的"日期"列也不例外，如图2-14所示。

图 2-14　自动步骤"更改的类型"转换效果

　　不过，自动调整的步骤有时也会让人不愉快，比如工作表里的日期，有些到了"异空间"里会被自动调整为【日期/时间】类型；但如果工作表里还有一些错误值，比如"订单日期"一列就存在错误值，进入"异空间"以后，就有可能使"异空间"感到"头晕"，于是它只好谁也不"得罪"，给个【任意】类型，这时候还是需要适当的手动调整。

要点提示：调整数据类型
- 【Power Query 编辑器】→选取对象→【转换】→【检测数据类型】
- 部分情况下导入数据后的自动步骤

2.4　整理列

　　眼下的查询表里一共有11列数据，这些列无法全部呈现在视野范围内，这时可以借助Power Query编辑器底部的滚动条翻看。想要选取哪一列，可以用鼠标单击那一列的列标题。

　　如果列数特别多，这种查看和选择可能需要多次单击鼠标，变成"体力活"了，是否有轻松点的办法呢？答案是肯定的。如图2-15所示，想看哪一列，就可以到【视图】选项卡下单击【转到列】按钮，在弹出的【转到列】对话框里选择那一列。所有列的标题名纵向排列，使查看和选择更加方便。【转到列】按钮在【主页】选项卡下也有，不过"藏"得有点深，在【选择列】的下拉选项里。

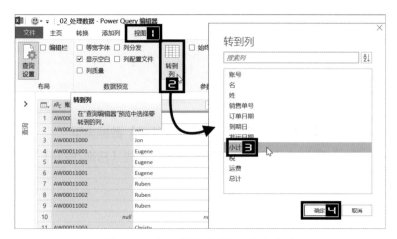

图 2-15　利用【转到列】选取指定列

但遗憾的是,【转到列】功能并不能实现多列的选取,要选取多列,需要借助【Shift】键或【Ctrl】键:先选取一列作为起始列,按住【Shift】键的同时再选取另一列作为结束列,这一操作可以选取这两列之间连续的列;按住【Ctrl】键后则可以依次选取任意列。

顺便提一下,在"异空间"里,可以选取 1 个单元格、1 列、多列、1 行,但不能选取多个单元格形成的区域(不管是连续的还是不连续的),也不能选取多行。

要点提示: 选择列

- 【Power Query 编辑器】→鼠标单击列标题(→借助【Shift】键选取连续的多列/借助【Ctrl】键依次选取多列)
- 【Power Query 编辑器】→【视图】→【转到列】→选取指定列→【确定】
- 【Power Query 编辑器】→【主页】→【选择列】→【转到列】→选取指定列→【确定】

如果要调整列的次序,可以选取一列以后,用鼠标拖曳来进行移动。这样的操作,"近距离"的移动很是方便,但"远距离"的移动恐怕就要把鼠标"累坏"了,还是到【转换】选项卡下,请【移动】"出马"吧。单击【移动】下拉按钮,选择要【移到开头】还是【移到末尾】,如图 2-16 所示。

图 2-16　将指定列移动到开头或末尾

要点提示: 移动列

- 【Power Query 编辑器】→鼠标单击列标题后左/右拖曳
- 【Power Query 编辑器】→选取对象→【转换】→【移动】→【向左移动】或【向右移动】或【移到开头】或【移到末尾】

在实际工作中, 有些列没有价值, 需要"咔嚓"(删除)掉。删除列有几种方法, 一种是正向的, 就是在【主页】选项卡下单击【删除列】按钮, 它会把当前选取的所有列"咔嚓"掉, 而保留未选取的列, 如图 2-17 所示。

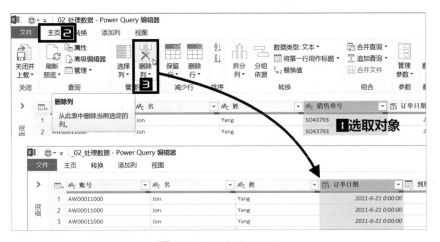

图 2-17 删除选取的列

另一种对列的删除是反向的, 同样在【主页】选项卡下, 单击【删除列】下拉按钮, 在下拉选项中选择【删除其他列】, 从而将未选取的列"咔嚓"掉, 保留选取的列, 如图 2-18 所示。

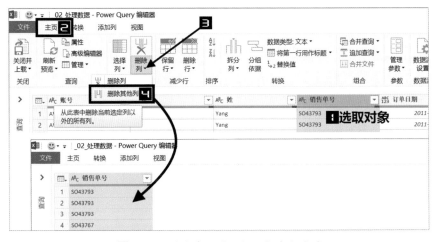

图 2-18 删除其他列, 仅保留选取的列

如果列数很多，而需要删除的列又不是连续排列的，那么这两种办法都不是非常方便，这时候就可以用"住"在【删除列】隔壁的【选择列】来完成。单击【选择列】按钮以后，会弹出一个所有列标题纵向排列的【选择列】对话框，每个列标题前面都有一个复选框，意思就是"点名"，点到名的，打钩留下，没点到名的，不打钩删除，如图 2-19 所示。

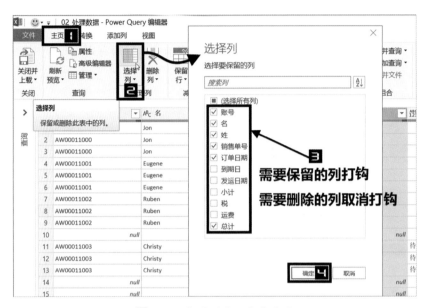

图 2-19 批量删除不需要的列

要点提示：删除列

- 【Power Query 编辑器】→选取对象→【主页】→【删除列】
- 【Power Query 编辑器】→选取对象→【主页】→【删除列】→【删除其他列】
- 【Power Query 编辑器】→【主页】→【选择列】→取消选取需要删除的列→【确定】

通过删除列的操作让整个查询表"减了个肥"，但仍然有一个让人看不顺眼的地方，比如"姓"和"名"被分成了两列，还是合在一起看着更舒服一些。这种合并在"异空间"里的实现办法很多，使用【合并列】功能是其中之一。

进行合并之前的选取对象操作非常重要，如果只选取一列或一个单元格的话，那么这一功能不可用，需要至少选取两列，才能够合并。选取的顺序也有讲究，因为合并后的结果与选取顺序一致。所以，按"蚯蚓文"的表示法，要先选"名"列，按住【Ctrl】键后再选"姓"列；反之，按中文的表示法，则要先选"姓"列，按住【Ctrl】键后再选"名"列。

如图 2-20 所示，单击【转换】选项卡下的【合并列】按钮，在弹出的【合并列】对话框里为合并内容选择中间的分隔符。此处可以加空格，也可以按照中文习惯不加空格。合并以后的列需要一个新的列名，默认的"已合并"肯定不合适，直接在【合并列】对话框里将【新列名】修改成"姓名"，或者完成合并以后修改这一列的标题名，都能够达到效果。虽然不改名也不会影响合并，但是从规范表格的角度来说，给每列一个准确的标题名是必需的。完成这些设置再单击【确定】按钮，新的"姓名"这一列就冒出来了。

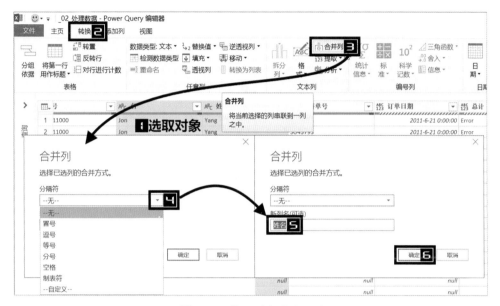

图 2-20 将两列合并为一列

原来的"姓"和"名"两列呢？这就得说到【合并列】功能了，它并非只存在于【转换】选项卡下，在【添加列】选项卡下也有。重点是，这两者并不是相同功能的两个"传送门"，而是两个不同的功能。它们最大的区别就在于原始列在操作完成后的状况：如果用【转换】选项卡下的【合并列】，原始列就消失了；而用【添加列】选项卡下的【合并列】以后，原始列都还"健在"。除此之外，其他的操作过程和结果完全一样。

要点提示：合并列

- 转换：【Power Query 编辑器】→选取至少两列→【转换】→【合并列】→选取或输入分隔符→输入新列名→【确定】
- 添加：【Power Query 编辑器】→选取至少两列→【添加列】→【合并列】→选取或输入分隔符→输入新列名→【确定】

2.5 整理行

完成纵向"瘦身"后，就该看横向了。这个查询表中"奇葩"的家伙不少，比如错误值"Error"、空值"null"，以及"账号"这一列里有很多重复值。需要将这三位所在的整行都"咔嚓"掉，以保证查询表数据的规范性。

　　说起这三位，其实都是"异空间"里不受欢迎的常客，所以在【主页】选项卡下的【删除行】下拉选项里早就备好对付它们的"武器"了。

　　先从错误值"Error"开始，选取包含错误值的列，单击【主页】选项卡下的【删除行】下拉按钮，在下拉选项中选择【删除错误】选项，存在错误值的那些行就统统被"消灭"干净了，如图 2-21所示。

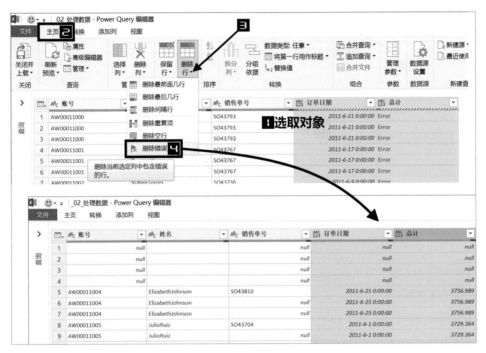

图 2-21　删除指定列中包含错误值的行

要点提示：删除包含错误值的行

● 【Power Query编辑器】→选取包含错误值的对象→【主页】→【删除行】→【删除错误】

　　对于第二位常客"null"，处理过程是不是像"Error"一样呢？并非如此，因为其对应的【删除空行】的功能有点特殊，不需要专门去选取单元格或列，因为【删除空行】删除的是整行都是空的那种行。比如图 2-22 所示的"销售单号"一列里有几个单元格是空的，但同一行的其他单元格里有内容，这时即使选取了"销售单号"这一列，然后选择【主页】选项卡下【删除行】下拉选项中的【删除空行】选项，也只有整行单元格都为空的行才会被删除，那些仅在"销售单号"列里是空值的单元格所在的行还留着。

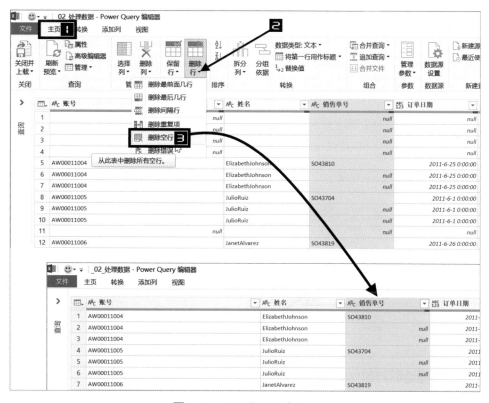

图 2-22 删除整行为空的行

如果那几个空值所在的行也不要，该如何"咔嚓"掉呢？每个标题右端不是有个【筛选】按钮吗？就用【筛选】的办法，只要在列表中把不需要的"null"前面复选框里的钩去掉，再单击【确定】按钮就可以了，如图 2-23 所示。

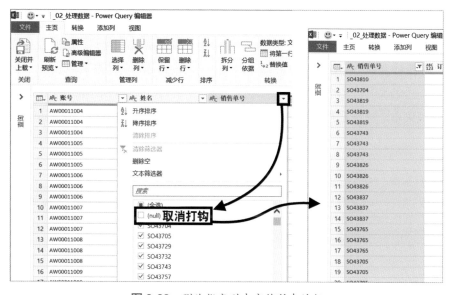

图 2-23 删除指定列中空值所在的行

要点提示：删除空行

● 整行为空的行：【Power Query 编辑器】→【主页】→【删除行】→【删除空行】

● 空单元格所在的行：【Power Query 编辑器】→【筛选】→取消选取 "null" →【确定】

最后一位"重复值"，对付它也很容易。选取"账号"列，单击【主页】选项卡下的【删除行】下拉按钮，在下拉选项中选择【删除重复项】选项，就可删除那一列里重复值所在的行了，如图 2-24 所示。

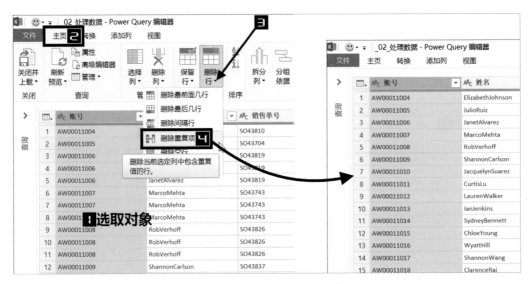

图 2-24 删除指定列中重复值所在的行

要点提示：删除重复值所在的行

● 【Power Query 编辑器】→选取包含重复项的对象→【主页】→【删除行】→【删除重复项】

经过一番"折腾"，查询表已被处理得干净整齐，为了继续刚才的例子，这里把从【删除的错误】开始的后面几个步骤全部"咔嚓"掉，打回横向"瘦身"之前的原形。步骤有点多，一个一个单击每个应用步骤名左边的叉号恐怕会把鼠标"累坏"，所以还是如图 2-25 所示，在【删除的错误】步骤处右击调出快捷菜单，选择【删除到末尾】选项，再在弹出的【删除步骤】对话框里单击【删除】按钮比较省事。

敲黑板！

在"异空间"里，错误的操作可以反悔，步骤删除了可就不能反悔了。所以，删除有风险，"咔嚓"须谨慎！

这样一来，查询表又回到了存在许多错误值、空值和重复值的状态。

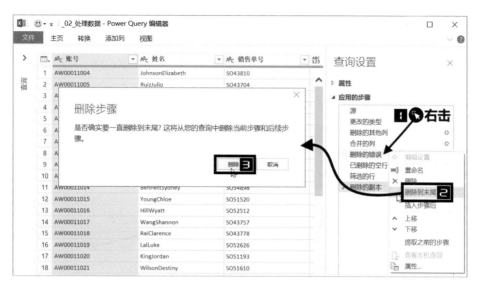

图 2-25 删除多个步骤

对于那种不想因为一个错误值就删除整行，同时也不想查询表中有错误值出现的，可以在选取包含错误值的对象以后，用【替换错误】来解决，【替换错误】是【转换】选项卡下【替换值】的下拉选项。单击【替换错误】按钮，在弹出的【替换错误】对话框中直接填入要替换的内容，比如将错误值都替换成"0"，再单击【确定】按钮，错误值就摇身一变，全部变成 0 了，如图 2-26 所示。

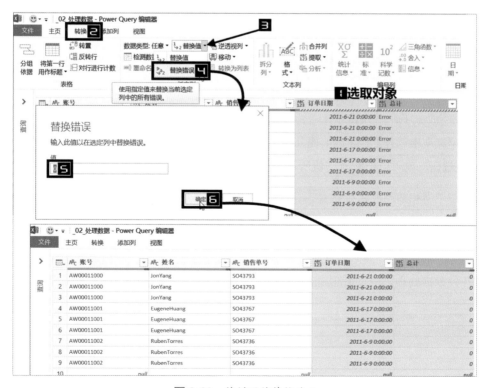

图 2-26 将错误值替换为 0

要点提示：将错误值替换掉

● 【Power Query 编辑器】→选取包含错误值的对象→【转换】→【替换值】→【替换错误】→填入
替换的值→【确定】

为了方便接下来的操作，先把图 2-27 中的"销售单号"列按升序排序，【升序排序】就在【主页】
选项卡下，具体操作方法就是选中哪列就对哪列进行排序。

图 2-27 将指定列按升序排序

要点提示：数据排序

● 升序排序：【Power Query 编辑器】→选取对象→【主页】→【升序】
● 降序排序：【Power Query 编辑器】→选取对象→【主页】→【降序】

排序的目的是让相同的内容"挤"到一起去，而经过上述升序排序，"销售单号"列里的空值都
被"挤"到最前面去了，一共占了 11 行。这时候，就可以单击【主页】选项卡下的【删除行】下拉
按钮，在下拉选项中选择【删除最前面几行】选项，在弹出的【删除最前面几行】对话框里填上 11，
单击【确定】按钮，就可以把所有空值所在的行都删除，如图 2-28 所示。

要点提示：按位置和数目删除行

● 【Power Query 编辑器】→【主页】→【删除行】→【删除最前面几行】或【删除最后几行】或【删
除间隔行】→输入指定行数→【确定】

经过各种数据处理，一个看似乱码的 JSON 文件，就被"异空间""收拾"得服服帖帖的了，如
图 2-29 所示。

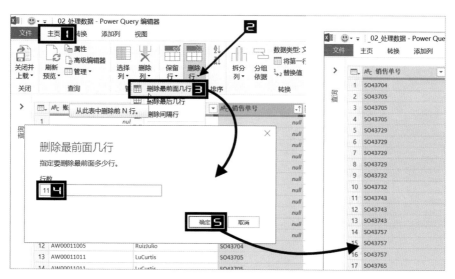

图 2-28　删除最前面几行

图 2-29　示例数据整理前后对比

第 3 章
各种拆

上一章借助一个JSON文件介绍了在"异空间"中处理数据的一些基础功能，本章就借助CSV和TXT两种类型的文本文件，来见识一下"异空间"对付文本的各种"手段"。

3.1　导入"文本/CSV"文件

CSV全称为Comma-Separated Values，意思是字符分隔值文件格式。一个CSV文件的图标在计算机里一般是如图 3-1 所示的样子，双击它会默认用Excel打开，这会让人误以为它也是一种电子表格。其实，CSV是地道的纯文本文件，和TXT文件没有太大的区别。这一次的示例就是一个CSV文件（素材：03-各种拆.csv），用Excel打开后可以看到，这"长相"太"欠揍"了，整个就是眉毛胡子一把抓，看都看不清，更不用说进一步统计各部门每月花多少钱了，所以需要把它送到"异空间"去"炼化"一下。

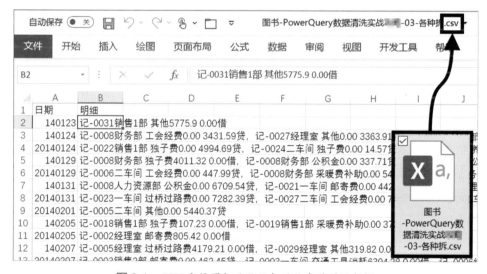

图 3-1　CSV 文件图标及默认打开状态的原始数据

虽然CSV文件可以用Excel打开并编辑，直接通过【自表格/区域】的方式进入"异空间"，但是它毕竟是纯文本文件，无法保存为其他格式。在完成查询回到"现世"，再对这个文件进行保存后，查询表会变成一个普通表，其中所有可更新的链接都会断开，除非另存为工作簿文件（.xlsx）。但是这样一来，数据源也就变成另存在工作簿文件中的数据了，当原来的CSV文件中的数据发生变化时，无法再实现一键更新。所以，遇到CSV文件，新建一个Excel工作簿用来导入其中的数据更为妥帖。

导入过程非常简单，【数据】选项卡下有个"快捷传送门"——【从文本/CSV】，接下来就是定位目标文件后单击【导入】按钮。导入CSV文件以后的对话框没有【导航器】，而且一般也不需要做什么特别的修改设置，直接单击【转换数据】按钮就可以进入"异空间"。如图 3-2 所示。

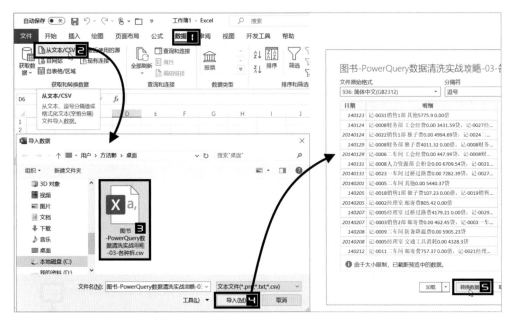

图 3-2 从 CSV 文件导入数据到"异空间"

要点提示：从文本或CSV文件导入数据到Power Query

- Excel界面→【数据】→【从文本/CSV】→定位目标文件→【导入】→【加载】或【转换数据】
- Excel界面→【数据】→【获取数据】→【来自文件】→【从文本/CSV】→定位目标文件→【导入】→【加载】或【转换数据】
- 【Power Query编辑器】→【主页】→【新建源】→【文件】→【文本/CSV】→定位目标文件→【导入】→【确定】

3.2 修正数据字符数

进入"异空间"以后，就可以来切身体会一下这些数据有多"欠揍"了。首先是左边的"日期"列（图 3-2），这是日期吗？分明是一堆 6 位或 8 位的数字，所以这列数据被自动转换为整数类型了（图 3-3），需要改成日期类型。

在修改数据类型为"日期"的时候，会如图 3-3 所示，莫名其妙地弹出来一个【更改列类型】对话框，这是什么意思呢？原来，之前已经有一个"更改的类型"的自动步骤了，现在要对数据类型进行再次修改，于是"异空间"弹出一个对话框来询问：这次的修改，是对之前的自动转换不满意要【替换当前转换】呢，还是在已有的基础上【添加新步骤】？这里选择【替换当前转换】，数据就直接变成了日期类型，步骤也没有增加。

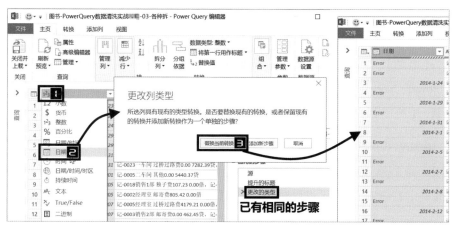

图 3-3 替换已有步骤"更改的类型"

当然，这一转换的结果是导致"日期"列"惨不忍睹"，为避免影响后续操作，还是将这一步骤"咔嚓"掉吧。

转换数据类型失败的原因是，这列数据既有 6 位的，也有 8 位的，而所有的错误值都是出现在 6 位的数据上。所以应该先把其"长相"全部统一成 8 位的"yyyymmdd"结构，前面没有"20"的，加上"20"后再进行转换。

要实现这个效果，用函数就太"烧脑"了。不如迂回一下，用一个看似步骤有点多，实际相对简单的办法，先去"20"，再加"20"：把现有 8 位数前面的"20"去掉，统一成"yymmdd"结构的 6 位数；再在前面全部加上"20"，形成"yyyymmdd"结构的 8 位数。

去"20"的操作是，单击【转换】选项卡下的【提取】下拉按钮，在下拉选项中选择【结尾字符】选项，在弹出的【提取结尾字符】对话框里设置【输入要保留的结束字符数】为"6"，再单击【确定】按钮，这一整列就全部变成"yymmdd"结构的 6 位数了，如图 3-4 所示。

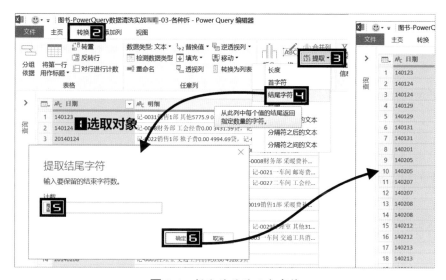

图 3-4 提取结尾的 6 个字符

- 转换：【Power Query 编辑器】→选取对象→【转换】→【提取】→【结尾字符】→输入需要提取的字符数→【确定】

- 添加：【Power Query 编辑器】→选取对象→【添加列】→【提取】→【结尾字符】→输入需要提取的字符数→【确定】

加"20"则如图 3-5 所示，单击【转换】选项卡下的【格式】下拉按钮，在下拉选项中选择【添加前缀】选项，并在弹出的【前缀】对话框里设置【输入要添加到列中每个值的开头的文本值】为"20"，单击【确定】按钮。这时再将数据类型改成【日期】，它就真的是日期了。

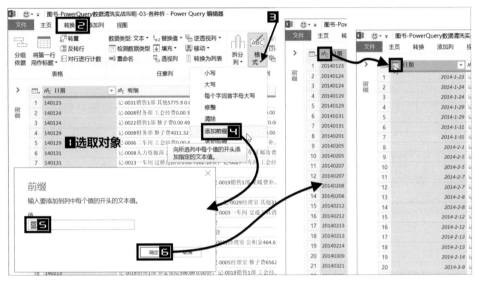

图 3-5 在每个"日期"前添加"20"

- 转换：【Power Query 编辑器】→选取对象→【转换】→【格式】→【添加前缀】→输入需要添加的字符→【确定】

- 添加：【Power Query 编辑器】→选取对象→【添加列】→【格式】→【添加前缀】→输入需要添加的字符→【确定】

顺便提一下，【提取】和【格式】功能在【添加列】选项卡下也有。关于其在【转换】和【添加列】两个选项卡下的功能差异，就不再赘述了。

3.3　拆分列

处理完"日期"列，再来处理"明细"这一列，这列的内容目测有"凭证号""部门""科目""借方金额""贷方金额"和"方向",这些算1组,每行有1到3组不等,每组之间以逗号分隔,如图3-6所示。

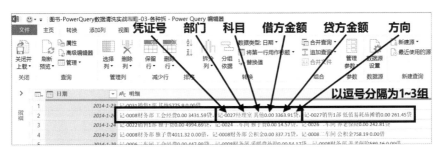

图3-6 数据中的"明细"列

面对如此"奇葩"的数据,还好"异空间"有高招。只不过不能指望一口气就把所有的列都拆分到位,只能先把以逗号分隔的每一组给拆分出来。

在【主页】选项卡或【转换】选项卡下有一个【拆分列】的下拉选项,如图 3-7 所示,此处很明显用其中的【按分隔符】拆分最为合适。但是,打开【按分隔符拆分列】对话框后,先别急着选择可选符号里的【逗号】,而是要选择【自定义】选项,并且手动输入一个中文状态下的全角逗号以后,再单击【确定】按钮完成操作。因为凡是在Office软件中专门提及的符号,铁定都是英文状态下的半角符号,"异空间"里自然也不例外,而本示例查询表的明细列里,每一组的分隔符号都是全角的逗号。

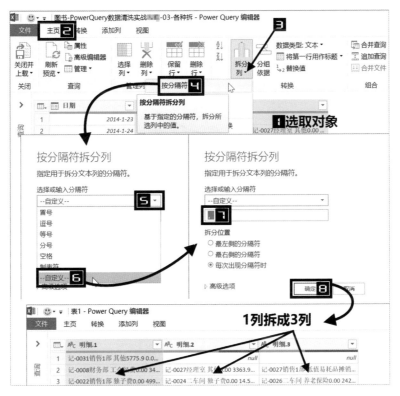

图3-7 按全角逗号分隔符将1列拆分为3列

可是结果却差强人意，原因很简单，【拆分列】的含义就是将一列拆分成若干列，原数据由全角逗号分隔成 1 到 3 组不等，最后自然就拆成 3 列了。

难道刚才的拆分操作要从头来过了？其实不然，有个可以偷懒的办法，如图 3-8 所示，直接单击"按分隔符拆分列"步骤右边的设置符号，就可以重新打开刚才设置拆分的对话框。将其中的【高级选项】展开，再将【拆分为】默认的【列】改成【行】，单击【确定】按钮，"高大上"的效果就出来了。不仅按原来每个单元格里的分隔符自动扩展成行，行数还是动态变化的，并非无差别地全部转成 3 行，而是根据实际数据转成 1 至 3 行不等，甚至连"日期"列都做了自动填充，这绝对是"异空间"中一个值得"点赞"的功能。

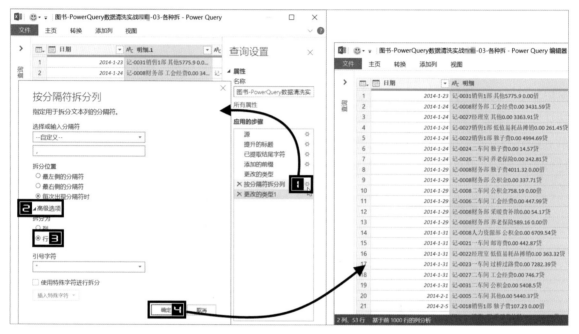

图 3-8　将 1 列拆分为行

要点提示：按分隔符将 1 列拆分

● 【Power Query 编辑器】→选取对象→【主页】或【转换】→【拆分列】→【按分隔符】→选取或输入分隔符→设置拆分位置→设置高级选项→【确定】

只不过有点"乐极生悲"的是，最后一个步骤"更改的类型 1""闹脾气"了，显示"找不到表的'明细.1'列"。这是因为修改"按分隔符拆分列"步骤以后，原来的"明细.1"列消失了。还好这一错误影响不大，只要将"更改的类型 1"步骤"咔嚓"掉就可以解决问题，如图 3-9 所示。

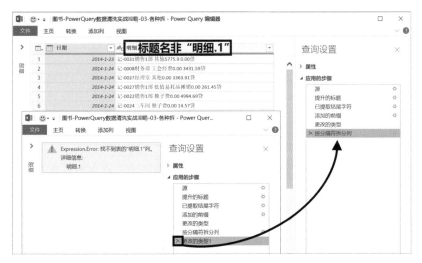

图 3-9　删除因修改中间步骤而造成错误的自动步骤"更改的类型 1"

但对于这个表来说，艰巨任务才完成了一小步，还要继续拆分，把每一组里的"凭证号""部门""科目""借方金额""贷方金额"和"方向"分别拆分出来。

如图 3-10 所示，"凭证号"的特点非常明显，全部都是 6 个字符，所以可以用【拆分列】里的【按字符数】处理，并在弹出的【按字符数拆分列】对话框里填上数字"6"。但是，还有一个选项，默认是【重复】拆分，就是对一列按每 6 个字符拆成多列。而事实上这里只需要拆分出两列，第一列 6 个字符，第二列就是剩下的字符，所以选中【一次，尽可能靠左】单选按钮，再单击【确定】按钮，这样才能把"凭证号"单独拆分出来。最后，把自动生成的标题名"明细.1"改成"凭证号"就完美了。

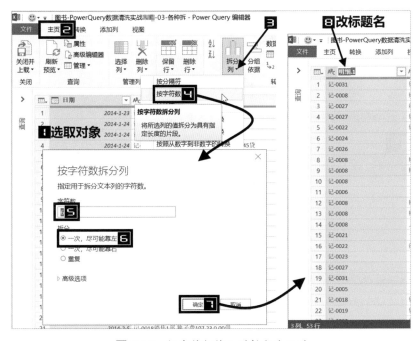

图 3-10　按字符数将 1 列拆分为 2 列

● 【Power Query编辑器】→选取对象→【主页】或【转换】→【拆分列】→【按字符数】→输入字符数→设置拆分选项→设置高级选项→【确定】

3.4 按分隔符提取列

接下来就该对剩下的"明细.2"列"开刀"了。这列的每个单元格里都有两个空格，可以据此将这1列分成3列：第1列"部门"；第2列"科目"和"借方金额"的混合；第3列"贷方金额"和"方向"的混合。用【拆分列】下拉选项里的【按分隔符】→【空格】来实现拆分自然是最简便的办法，但是，本着"折腾出真知"的原则，不妨再来尝试一下其他招数。

如果需要"挖出""部门"的内容也很简单，因为第一个空格就在每个部门后面，在"异空间"里是可以按分隔符提取列的。如图3-11所示，在【添加列】选项卡下【提取】下拉选项里选择【分隔符之前的文本】选项，并在弹出的对话框里按空格键，作为输入的分隔符，单击【确定】按钮，再把标题名由自动生成的"分隔符之前的文本"改成"部门"，并且将这一列用鼠标拖曳到"凭证号"列和"明细.2"列之间，"部门"列就"独立"了。

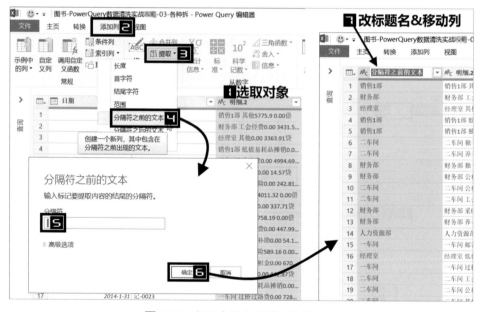

图 3-11 提取空格分隔符之前的文本

● 转换：【Power Query编辑器】→选取对象→【转换】→【提取】→【分隔符之前的文本】→输入分隔符→设置高级选项→【确定】

● 添加:【Power Query 编辑器】→选取对象→【添加列】→【提取】→【分隔符之前的文本】→输入
　分隔符→设置高级选项→【确定】

　　"部门"列通过使用【分隔符之前的文本】完美"独立"了,那么后面的数据呢?同样可以使用
【提取】下拉选项里的功能来操作。如图 3-12 所示,要把"明细.2"列里两个空格之间的内容提取
出来,就可以使用【分隔符之间的文本】命令,当然,在其弹出的对话框里就不是输入一个分隔符
了,而是要分别在【开始分隔符】和【结束分隔符】的位置各输入一个空格,再单击【确定】按钮,
由此生成"分隔符之间的文本"列,也就是"科目"和"借方金额"的混合。因为还需要进一步的处
理,所以可以不改标题名,只将其位置移到"部门"列和"明细.2"列之间。

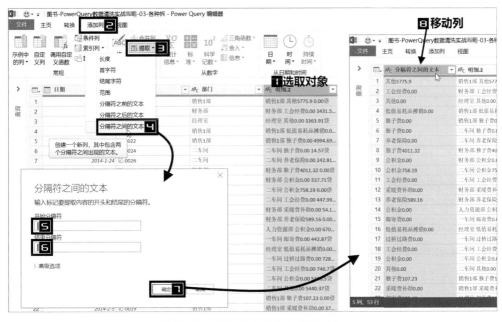

图 3-12 提取两个空格之间的文本

要点提示: 提取指定分隔符之间的文本

● 转换:【Power Query 编辑器】→选取对象→【转换】→【提取】→【分隔符之间的文本】→分别输
　入【开始分隔符】和【结束分隔符】→设置高级选项→【确定】

● 添加:【Power Query 编辑器】→选取对象→【添加列】→【提取】→【分隔符之间的文本】→分别
　输入【开始分隔符】和【结束分隔符】→设置高级选项→【确定】

　　如图 3-13 所示,"明细.2"这一列经历了分隔符之前和之间的提取后,只剩下最后一次提取了,
那就是第二个空格之后的"贷方金额"和"方向"的混合内容。要实现这一目的,可以用【转换】选
项卡下【提取】下拉选项里的【分隔符之后的文本】命令,在弹出的对话框里输入一个空格作为分隔
符。接下来不要急着单击【确定】按钮,因为"明细.2"列里的空格有两个,而按分隔符提取内容时,

其分隔符的位置是从左往右扫描的。此处可以把【高级选项】展开，选择【从输入的末尾】选项，然后再单击【确定】按钮，这样分隔符位置的扫描方向才会改成从右往左，从而把右边一个空格之后的文本愉快地提取出来。

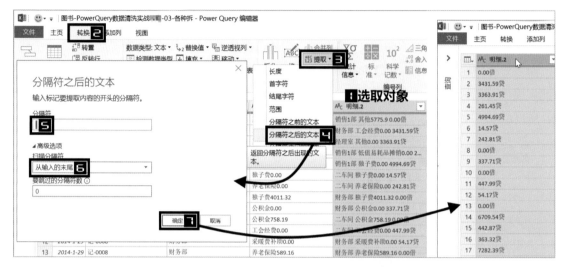

图 3-13　提取自右起分隔符空格之后的文本

要点提示：提取指定分隔符之后的文本

- 转换：【Power Query 编辑器】→选取对象→【转换】→【提取】→【分隔符之后的文本】→输入【分隔符】→设置高级选项→【确定】
- 添加：【Power Query 编辑器】→选取对象→【添加列】→【提取】→【分隔符之后的文本】→输入【分隔符】→设置高级选项→【确定】

3.5　拆分文本与数字

如此一来，还剩下"长得"依然相当不像话的两列，它们都是文本和数字"纠结"在一起的，只不过一个文本在左，另一个数字在左。这些数据既没有固定的字符数，也没有包含特定的分隔符，要拆分开来似乎极为麻烦。

但是在"异空间"里，这种麻烦却不是麻烦，因为在【拆分列】里有两个"专治"这类数据的功能：【按照从非数字到数字的转换】（图 3-14）和【按照从数字到非数字的转换】，这两个功能的作用类似，就是一键把数字和非数字混在一起的列拆分开来，唯一的区别是数字和非数字的排列方向。

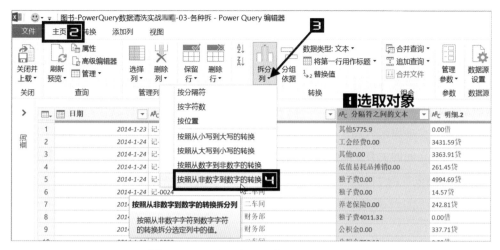

图 3-14 将非数字与数字混合的列拆分

要点提示: 拆分数字与非数字混排的内容

● 非数字在左: 【Power Query 编辑器】→选取对象→【主页】或【转换】→【拆分列】→【按照从非数字到数字的转换】

● 数字在左: 【Power Query 编辑器】→选取对象→【主页】或【转换】→【拆分列】→【按照从数字到非数字的转换】

然而不幸的是,"异空间"对"数字"这个概念大概是有什么误会,拆出来的结果把小数点都给"郁闷"着了,只好再加一步【合并列】的操作,将因小数点的存在而被强制拆分的两列再重新合并到一起,如图 3-15 所示。

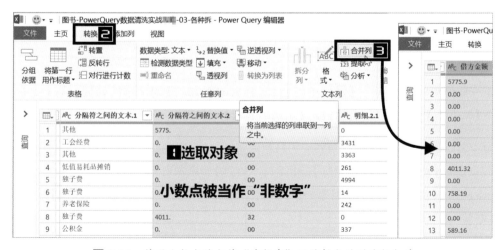

图 3-15 将因小数点被当作"非数字"而被拆分的列重新合并

将这"长得"相当不像话的两列分别依次拆分、合并完成以后,就变成了 4 列,再分别重命名为"科目""借方金额""贷方金额"和"方向",这个查询表就大致成形了。

3.6　示例中的列

到这一步，还有最后一个问题："借方金额"和"贷方金额"属于同一个类别，此处没有必要分成两列，所以还需要再来一次合并，将两列数据相加，或者取两列数据中的最大值。

在【添加列】选项卡下有一个相当智能的功能：【示例中的列】。如图3-16所示，单击此按钮以后，查询表的右侧会多出来一列，这时可以手工输入一些内容，"异空间"会根据输入的内容自动判断其与已有列内容之间的关系。比如输入第一个"借方金额"的"5775.9"并按【Enter】键，"异空间"就将这一操作判断成复制"借方金额"列。再输入一个"贷方金额"的"3431.59"并按【Enter】键，"异空间"又会判断成计算两列的最大值。输入完两个数字以后已基本符合要求，就可以单击【确定】按钮，生成新的一列了。

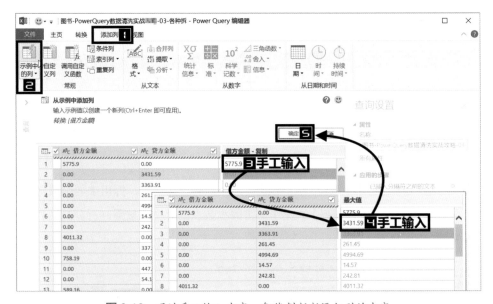

图3-16　通过手工输入内容，智能判断新添加列的内容

除了一些简单的计算以外，【示例中的列】更强大的能力在于对文本的处理，基本上【添加列】选项卡下【从文本】组里的功能都可以用【示例中的列】来实现。

> **要点提示：通过手工输入，根据已有列的内容智能生成新列**
>
> ● 【Power Query编辑器】→【添加列】→【示例中的列】→输入内容→【确定】
> ● 【Power Query编辑器】→选取对象→【添加列】→【示例中的列】→【从所选内容】→输入内容→【确定】

新生成的列自然不能以"最大值"命名，而是要改成"金额"，并移动到"方向"列左侧。至于原来的"借方金额"列和"贷方金额"列，就可以"咔嚓"掉了。如此一来，一个原本"长相欠揍"的表就华丽地变身成一个方便进一步统计的数据表了，如图3-17所示。

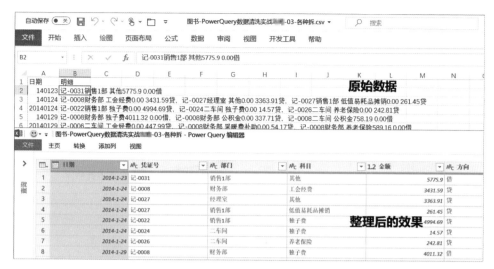

图 3-17 示例数据整理前后对比

3.7 标题的升降

　　CSV文件还有一个"兄弟"，那就是纯文本"TXT"文件，比如这一次用的示例（素材：03-各种拆.txt）。只不过这个示例文件尚未经过"异空间"的"炼化"，"幺蛾子"特别多。新建一个Excel工作簿，将其以【从文本/CSV】的方式导入以后，就可以看到它的"长相"了，可以看到，所有数据都"挤"在一列里，如图3-18所示。

图 3-18 有待"炼化"的原始数据

　　【拆分列】这一步必不可少，直接以全角逗号拆分就可以了。

　　如图3-19所示，拆分完成以后，"Column1.1"列标题行下面那条下框线相当"与众不同"，将鼠标指针悬浮上去会发现，原来是有错误值存在。通过预览窗格可以看到，产生错误值的原因是，其"原形"——"日期"这两个字，与这一列的【日期】数据类型"不搭"。

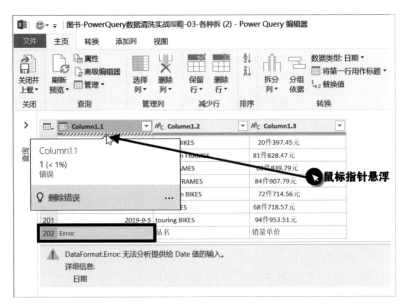

图 3-19 一列中包含错误值时，标题行下边框的显示

解决这个问题的方法很简单，只要把"更改的类型"这一步骤"咔嚓"掉即可。只是这两个汉字，甚至是这一整行，怎么看怎么觉得像标题，可偏偏落在了最后一行。没关系，到【转换】选项卡下给它来个【反转行】操作，如图 3-20 所示，意思是把原来从上到下排列的，变成从下到上排列，标题就到最上面的第一行去了。

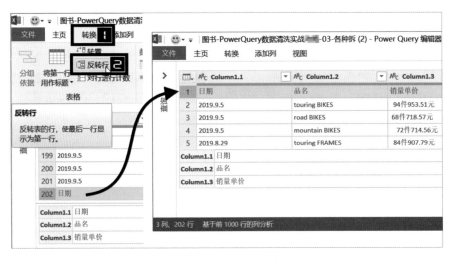

图 3-20 将数据的原顺序反转

要点提示: 将数据原顺序反转

● 【Power Query 编辑器】→【转换】→【反转行】

但这样仍然不够，毕竟第一行的内容并不是真正的标题行，真正的标题行是一堆意义不大的"蚯蚓文"。遇到这类情况，可以用【将第一行用作标题】命令把第一行的内容提升，让它成为真正的标题行。这个命令在【主页】选项卡下有，如图 3-21 所示，在【转换】选项卡下也有，是同一功能的两个"传送门"。

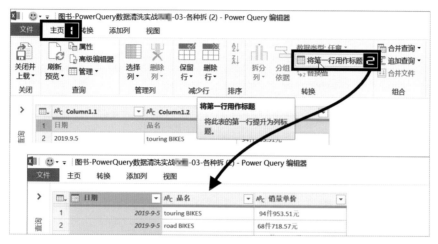

图 3-21 将第一行提升为标题行

要点提示：转换标题与第一行

- 提升标题：【Power Query 编辑器】→【主页】或【转换】→【将第一行用作标题】
- 降级标题：【Power Query 编辑器】→【主页】或【转换】→【将第一行用作标题】→【将标题作为第一行】（下拉选项）

标题提升以后，如果觉得刚才的【反转行】操作效果不太理想，可以再进行一次【反转行】操作，让数据恢复原来的顺序。

3.8 格式修正

操心完了"日期"列，接下来就该操心"品名"列了。"品名"列里的"蚯蚓文"一半全小写，一半全大写，虽然并不影响内容本身，但是没有哪个正规表格会欢迎这种"奇葩长相"。还好，【转换】选项卡下的【格式】下拉选项里的功能可以对"蚯蚓文"的大小写进行调整，或者全部改成【小写】，或者全部改成【大写】，或者【每个字词首字母大写】，如图 3-22 所示。无论选哪一个，都好过一半小写一半大写。

图 3-22 更改英文字母的大小写

要点提示：更改英文字母的大小写

- 转换：【Power Query 编辑器】→选取对象→【转换】→【格式】→【小写】或【大写】或【每个字词首字母大写】

- 添加：【Power Query 编辑器】→选取对象→【添加列】→【格式】→【小写】或【大写】或【每个字词首字母大写】

最后就剩下右边的"销量单价"列了，这一列目测有很多空格。事实上，存在其中的并不只有空格，还有一些非打印字符。这就难办了，遇到肉眼看得见的空格，还可以用【替换值】将所有空格替换为空，而那些肉眼看不见的，又该如何处理呢？

现实中一些从各种系统导出的数据里，经常会出现空格和非打印字符，要顺利把这些字符处理掉，可以使用【转换】选项卡下【格式】下拉选项里的功能，其中的【清除】功能可以用于去除非打印字符；【修整】功能可以去除多余的空格，如图 3-23 所示。

图 3-23 去除非打印字符和多余的空格

- 转换：【Power Query 编辑器】→选取对象→【转换】→【格式】→【修整】和【清除】
- 添加：【Power Query 编辑器】→选取对象→【添加列】→【格式】→【修整】和【清除】

相比之下，去除空格时更推荐使用【修整】功能，而不是【替换值】功能。因为【修整】只去掉多余的空格，比如每个单词之间的空格，不会对本就应该存在于各单词之间的空格"下手"，如果用【替换值】处理，所有单词就全部连在一起无法辨认了，如图 3-24 所示。

图 3-24　替换与修整的效果对比

3.9　按固定字符数处理列

经过【修整】和【清除】以后，"销量单价"列就变得十分整齐，从【添加列】选项卡下的【提取】下拉选项中选择【长度】选项后可以看到，它们都是 10 个字符，如图 3-25 所示。

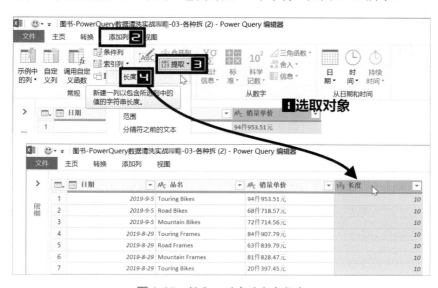

图 3-25　提取一列中的文本长度

- 转换：【Power Query 编辑器】→选取对象→【转换】→【提取】→【长度】
- 添加：【Power Query 编辑器】→选取对象→【添加列】→【提取】→【长度】

提取文本长度这一步骤，只是为了查看"销量单价"列有多少个字符，对后面查询表的处理并无作用，所以要先把这一步骤"咔嚓"掉，再来将其中的"销量"和"单价"分别"挖"出来。

"销量"和"单价"完全可以按位置来提取：提取 3 位【首字符】作为"销量"；提取 7 位【结尾字符】作为"单价"。不过像"销量""单价"这样的数据不宜带单位"件"或"元"，否则影响数据类型事小，影响进一步的统计事大，可以改用【添加列】选项卡下【提取】下拉选项里的【范围】功能提取中间指定的字符，如图 3-26 所示的提取"单价"。在弹出的对话框里需要输入两个数字：【起始索引】就是提取的字符是从第几个开始，目测是 4，但是在"异空间"里，这类提取的起始值都是 0，而不是传统的 1，所以这里就应该填写数字"3"；【字符数】就是需要提取出来的字符的数量，也就是中间的 6 位，填上数字"6"即可。单击【确定】按钮，"单价"一列就"独立"了。

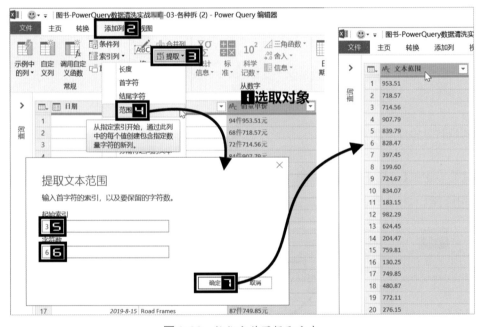

图 3-26 按指定范围提取文本

- 转换：【Power Query 编辑器】→选取对象→【转换】→【提取】→【范围】→分别输入需要提取的起始字符位置和字符数→【确定】
- 添加：【Power Query 编辑器】→选取对象→【添加列】→【提取】→【范围】→分别输入需要提取的起始字符位置和字符数→【确定】

不过【提取】并非一步到位，对于"销量单价"这一列，至少要提取 3 次才能得到所有需要的列。所以还是将刚才的步骤删除，换一种更加简单粗暴的办法：使用【拆分列】下拉选项里的【按位置】功能。将每一个要拆分的字符所在的位置填在弹出的对话框里，此处别忘了"异空间"里的位置都是从 0 开始的，如图 3-27 所示。"销量单价"列拆分的位置分别是 0、2、3、9，将这 4 个数字以半角逗号分隔，填入【位置】里，单击【确定】按钮，"1 拆 4"瞬间就完成了。

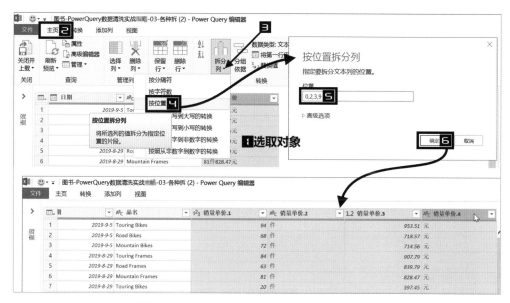

图 3-27 输入位置所对应的数字，将 1 列拆分

要点提示：按位置将 1 列拆分

● 【Power Query 编辑器】→选取对象→【主页】或【转换】→【拆分列】→【按位置】→输入需要拆分的位置（以半角逗号分隔的数字）→设置高级选项→【确定】

拆分结束以后，还有些扫尾的事情，"销量单价.4"并无存在的意义，可以"咔嚓"掉；另外 3 列需要分别重命名为"销量""单位"和"单价"。

3.10 添加"序号"列

当查询表中的数据量比较大时，按照多数人的制表习惯，会加一个"序号"列，这个功能在"异空间"里也可以自动实现。只要到【添加列】选项卡下单击【索引列】下拉按钮，选择其中的【从 1】选项即可。当然，添加以后还要将"索引"列移动到查询表的开头，并将其重命名为"序号"，如图 3-28 所示。

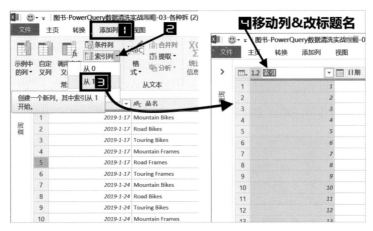

图 3-28　为查询表添加序号列

要点提示：添加"序列数"

- 【Power Query 编辑器】→【添加列】→【索引列】→【从 0】或【从 1】或【自定义】
- 自定义索引列：填写【起始索引】和【增量】→【确定】

如此一来，这个查询表就成型了，如图 3-29 所示。

图 3-29　示例数据整理前后对比

第 4 章

M 语言

上一章通过几个示例介绍了在"异空间"中处理文本的各种高招，都是一些点点鼠标、敲敲键盘就能解决问题的常规操作。然而，功能区里的按钮并不能代表"异空间"的全部实力。

众所周知，函数与公式是Excel中最重要的功能之一，VBA则是Excel的无上神器。在"异空间"里，M函数和M公式就是Power Query专用的函数与公式，而M代码是Power Query专用的用于实现查询功能的代码。M公式和M代码统称M语言。

当功能区里的按钮"力不从心"时，就需要请M语言出马。例如，5.1节的示例中，为计算占比做准备的求和列；7.2节的示例中，处理首行不被当作标题的数据源和表格结构不规范的数据源；7.5节的示例中，创建与修改自定义函数；7.6节的示例中，合并多工作簿多工作表的数据等，这些都或多或少地需要使用者亲自编写M语言。

在编写M语言之前，先要找到其"地盘"。M公式在"异空间"里有个专用"地盘"，在【视图】选项卡下，只要勾选【编辑栏】前面的复选框，指定步骤的M公式就会出现在功能区和查询表之间。图4-1所示为步骤"提升的标题"的M公式。

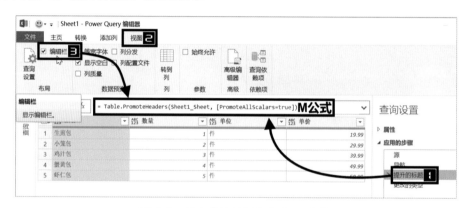

图4-1 调出【编辑栏】查看M公式

单击【主页】（或【视图】）选项卡下的【高级编辑器】按钮，弹出的对话框中显示了当前查询表包含的所有步骤的M代码，如图4-2所示。

要点提示：查看和编辑M公式或代码

- M公式：【Power Query编辑器】→【视图】→【编辑栏】
- M代码：【Power Query编辑器】→【主页】或【视图】→【高级编辑器】

每一个应用的步骤都会自动生成M公式与相应的M代码，需要时可以进入这些专用"地盘"，依照相应的语法规则编辑修改，甚至自行编写M公式或M代码。

M语言非常强大，知识点也非常多，如果想要深入了解，可以在网页搜索"Power Query M公式语言"，到微软官方网站学习相关内容。

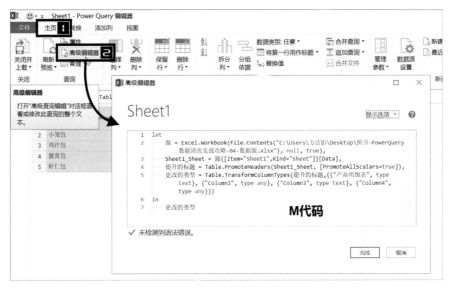

图 4-2 打开【高级编辑器】窗口查看 M 代码

本章将简单介绍一些编辑 M 语言的容易上手的方法。

4.1 在【自定义列】中编写 M 公式

有时需要在查询表中添加一些包含特定计算规则的列，以下 M 公式可以实现：

```
= Table.AddColumn( 步骤名称 , " 添加的列名 ", 计算规则 )
```

只是"徒手"写这样的 M 公式太难为初学者，这时可以通过使用【自定义列】功能，仅编辑指定的"计算规则"部分，而其他部分则任由"异空间"自动生成。

例如，"文档"文件夹中有一个叫"04-数据源.xlsx"的工作簿（素材：04-数据源.xlsx），新建一个 Excel 工作簿以后，依次选择【数据】选项卡下的【获取数据】→【来自文件】→【从工作簿】选项，定位目标文件，将其导入。在【导航器】里选择"Sheet1"以后单击【转换数据】按钮。如此一番"折腾"进入"异空间"，就可以看到一个只包含"品名""数量""单位"和"单价"4 列数据的查询表，如图 4-3 所示。

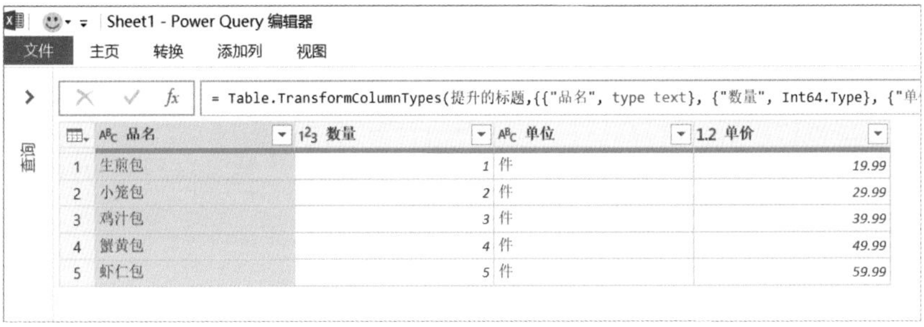

图 4-3 示例文件的原始数据

现在需要在查询表中添加一个"打折单价"列,计算规则是在"单价"列的基础上乘以0.8,可以如图4-4所示,使用【添加列】选项卡下的【自定义列】功能。但是,【自定义列】对话框里的自定义列公式(M公式)无法自动生成,只能在对话框里手工输入。将光标移到等号后,输入以下公式:

```
[单价]*0.8
```

其中的"[单价]"即是对"单价"列数据的引用,可以手工输入,也可以通过双击【可用列】里的"单价"写入,"*0.8"只能手工输入。再修改【新列名】为"打折单价",然后单击【确定】按钮,新的"打折单价"列就会依据M公式所设置的计算规则出现在查询表的最后一列。

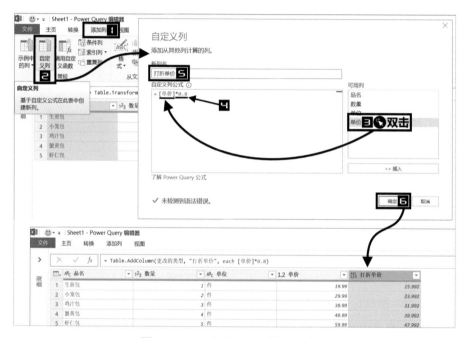

图 4-4　添加自定义列计算打折单价

要点提示: 自定义列

● 【Power Query编辑器】→【添加列】→【自定义列】→修改新列名→编写自定义M公式→【确定】

添加自定义列以后,自动生成的步骤名叫"已添加自定义"。如此笼统的叫法完全无法体现这一步骤的实际意义,将其重命名为"添加打折列"才更符合规范操作的要求。重命名的方法很简单,只要右击"已添加自定义"步骤,调出快捷菜单,再选择其中的【重命名】选项,输入新的步骤名后按【Enter】键即可,如图4-5所示。

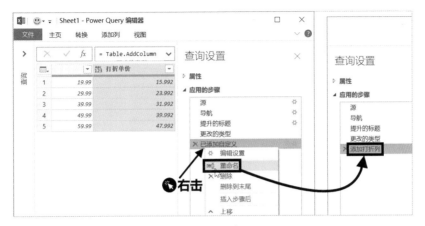

图 4-5　修改步骤名

由于 M 公式千变万化，使得【自定义列】所能实现的效果也精彩纷呈，前几章介绍的所有添加列的功能都可以用【自定义列】来实现。例如，想把"品名"列里的第一个字都提取出来作为"品名简称"，就可以在【自定义列】里使用 M 函数"Text.Start"，它的功能是对目标列的内容从左往右提取指定个数的字符。

在【自定义列】对话框中输入函数名的时候，会有函数名提示框出现，利用上下键选取需要输入的那个函数，再按【Enter】键或【Tab】键，完整的函数名就会自动填写，如图 4-6 所示。

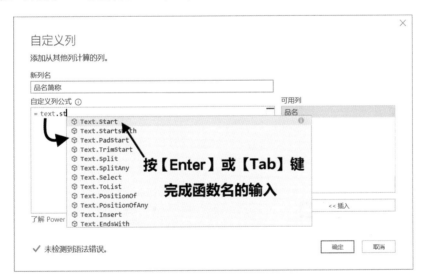

图 4-6　输入 M 函数时的函数名提示框

再输入一个半角的左小括号以后，还会有参数的提示窗格出现。如果对这个函数的用法不是太熟悉，可以借助这一提示窗格填写参数，如图 4-7 所示。由此提示窗格可以看出，M 函数"Text.Start"有两个参数，第一个参数是需要提取内容的目标列，双击【可用列】里的"品名"即可；第二个参数是要提取出几个字符，此处填写 1。参数之间以半角逗号分隔。参数输入完成后不要忘了还有一个半角的右小括号。

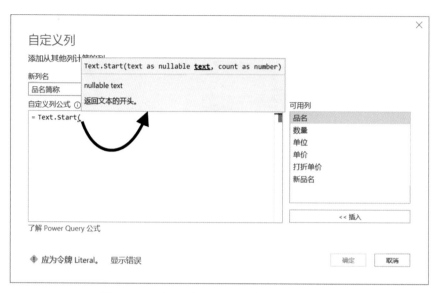

图 4-7 通过参数提示窗格查看 M 函数的参数

当然，不借助提示窗格功能，直接手工完成函数名与参数的输入也可以。但是，这样做的话很可能会出现拼写错误。如图 4-8 所示，公式输入完成以后，对话框的左下角虽然显示"未检测到语法错误"，然而单击【确定】以后却提示"无法识别名称 'text.start'。请确保其拼写正确"。

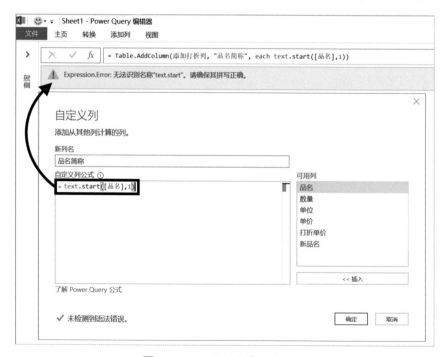

图 4-8 M 语言区分字母大小写

"text.start" 拼写不正确吗？确实不正确，因为 M 语言是一种区分字母大小写的语言，正确的拼写是 "Text.Start"。在编辑 M 语言时，尤其是直接敲键盘编辑时，"异空间" 不会自动修正大小写，所以需要特别注意这一点。对于一些 M 函数名和参数，不能确定其大小写的，还是借助提示窗格输入更保险。

4.2 编写 M 公式的 "乾坤挪移" 大法

除了【添加列】选项卡下的功能以外，【自定义列】还可以实现很多命令按钮无法直接实现的功能。但是初学者经常会遇到这样的困惑：面对海量 M 函数，不知道什么情况下 "找谁帮忙"。不要紧，有专门解决此困惑的 "乾坤挪移" 大法，分两步走：先获取公式，从选项卡下找到相关的命令进行操作，再移为己用，将由此操作步骤自动生成的 M 公式 "挪移" 到【自定义列】中。

比如需要新生成一列，这一列里每一个数都是 "数量" 列的总计。可是计算总计该用哪个 M 函数，其中的参数又该如何使用，这些都是未知的，这时，此 "乾坤挪移" 大法就可以 "发威" 了。

获取公式：如图 4-9 所示，选取 "数量" 列，单击【转换】选项卡下的【统计信息】下拉按钮，在下拉选项中选择【求和】，然后复制在【编辑栏】里自动生成的 M 公式（复制的内容不包括最前面的等号）。

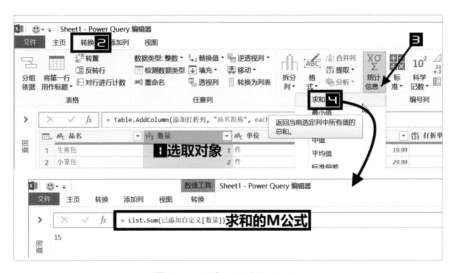

图 4-9　计算 "数量" 列的和

要点提示：求和，统计最小值、最大值、平均值等

● 转换成一个值：【Power Query 编辑器】→选取数值对象→【转换】→【统计信息】→【求和】或【最小值】或【最大值】或【平均值】

- 计算被选取多列中每行的值：【Power Query编辑器】→选取多列数值对象→【添加列】→【统计信息】→【求和】或【最小值】或【最大值】或【平均值】

移为己用：删除"计算的总和"这一步骤，单击【添加列】选项卡下的【自定义列】按钮，将刚才复制的M公式粘贴到【自定义列】对话框中自定义列公式的等号后，输入新列名"数量总计"后单击【确定】按钮，求和的新列就生成了，如图4-10所示。

图 4-10　"挪移"求和公式到自定义列中

再回过头来看这个用于求和的M函数"List.Sum"的参数。"［数量］"很好理解，就是对"数量"列数据的引用，用这个M函数的目的就是对"数量"列进行求和。只是在"［数量］"前面还多了一个"已添加自定义"，这又是什么呢？原来，在使用某些M函数时，不仅需要确定引用的列，还要确定引用的查询表，而"已添加自定义"则是整个查询操作中的一个步骤，意思是，这个M函数引用的是"已添加自定义"这一步骤所生成的查询表里的"数量"列。

如果在【应用的步骤】里将"已添加自定义"这一步骤删除，会产生什么样的影响呢？本着"折腾出真知"的原则，可以尝试一下。

"已添加自定义"是一个中间步骤，删除时"异空间"会弹出一个对话框来询问是否确定要删除。有些中间步骤的删除确实会影响后续步骤，不过这里不用担心，单击【删除】按钮即可。将这一步骤删除以后再来看这个M公式，会发现唯一的变化就是其中的参数自动变成了前一个步骤的"添加打折列"，公式运行的结果没有受到半点影响，如图4-11所示。

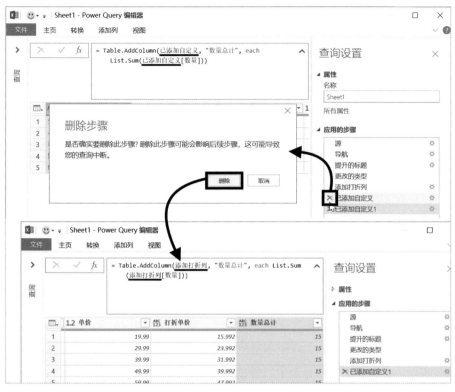

图 4-11　删除 M 公式中指定的步骤后不影响公式运行

最后，将"已添加自定义 1"这个步骤的名称修改成更具描述性的"添加数量总计列"，才更符合规范。

4.3　编写 M 公式的"依葫芦画瓢"法

"List.Sum"是一个比较简单的 M 函数，再来看一个稍微复杂一点的 M 函数"Table.Transform Columns"，它的功能是对指定列进行各种转换操作。【转换】选项卡下的很多操作所生成的 M 公式里都有它的身影。

例如，要为"品名"列里的内容添加统一前缀"新品"，单击【转换】选项卡下的【格式】下拉按钮，在下拉选项中选择【添加前缀】，在弹出的对话框里输入"新品"，然后单击【确定】按钮。这时从【编辑栏】里就可以看到图 4-12 所示的 M 公式。

```
= Table.TransformColumns( 添加数据总计列 , {{" 品名 "|, each " 新品 " & _, type text}})
```

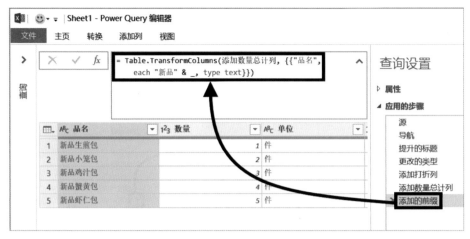

图 4-12 添加前缀后生成的 M 公式

这个M公式里的第一个参数很好理解，就是"添加数量总计列"这一步骤所生成的查询表。第二个参数就比较有意思了，居然有两对大括号，这是在为同一参数里的子参数划定"势力范围"。

M 函数"Table.TransformColumns"只有两个参数，然而一个查询表里有那么多列，每列的转换又有那么多种类，光靠第二个参数实在说不清楚，所以就加了大括号，而且还是两层，大括号里的就是子参数。里层的大括号里是对每列进行转换的具体处理手段，有三个子参数：第一个子参数是外加一对半角引号的"品名"列列名，表示转换对象是"品名"列；第二个子参数就是具体的操作，这里是添加前缀，使用了连接符"&"，将前缀"新品"和这一列中的原始内容进行连接；第三个子参数是为转换后的列设置数据类型，"text"是文本类型。

此M公式中包含了"each"和"_"的结构，"each"可以理解成"每一个"，而"_"是一种省略写法，在这里表示"品名"列里每一个具体的值。

如此看来，里层大括号中的内容可以理解成，对"品名"这一列里的每一个值前面连接一个"新品"，生成的结果为文本类型。

图 4-13 展示了 M 函数"Table.TransformColumns"的各参数。

在理解了这个M函数各参数的含义以后，如果需要改变或增加其功能，只要在已有结构的基础上，按照语法规则"依葫芦画瓢"对其进行修改即可。比如，想要用一个M公式同时实现对品名添加前缀和将"单价"列里的数据全部加 20% 两个功能，就可以如图 4-14 所示，将公式修改如下：

```
= Table.TransformColumns(添加数量总计列, {{"品名", each "新品" & _, type text},{"单价",
each _ *1.2, type number}})
```

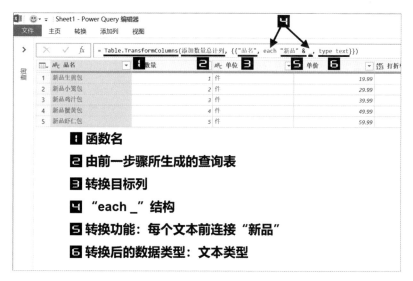

图 4-13　M 函数 "Table.TransformColumns" 的参数说明

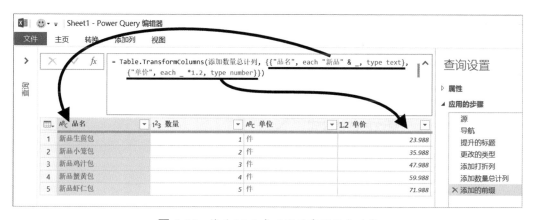

图 4-14　修改 M 公式以同时实现两个功能

修改后的公式又添加了一对里层的大括号，第一对大括号里的子参数是原有的，第二对大括号里的子参数是新输入的，其作用是对 "单价" 列里的每一个值乘以 1.2，生成的结果为小数类型。这两对大括号之间用半角逗号分隔。如果还有别的转换计算，可以按照这个规律继续增加大括号组，写入子参数。

注意，参数与参数之间是否有空格无关紧要，加空格的目的无非是让整个公式的结构看起来更加清晰，但是同一参数内的一些固定用法，如 "each" 和 "_" 之间，或者 "type" 和 "text" 之间等，空格不可缺少。

4.4　嵌套多个 M 函数的 M 公式

如果查询表做到这一步的时候，需要把数据源换成放在另一个路径上的工作簿"C:\Users\ *username*[①]\Desktop\04-不规范标题.xlsx"（素材：04-不规范标题.xlsx），是否意味着刚才所有的操作都要从头再来呢？当然不需要，因为"异空间"里的任何一个步骤都可以修改，只要保证不影响最终查询结果就行，甚至还可以让某些步骤"插队"。

单击"源"步骤，从【编辑栏】可以看到一个由"Excel.Workbook"和"File.Contents"两个 M 函数嵌套而成的 M 公式。M 函数"File.Contents"只有一个参数，就是数据源的完整地址。而 M 函数"Excel.Workbook"有三个参数：第一个参数是一个工作簿，此处嵌套了 M 函数"File.Contents"；第二个参数对标题行进行设定，"null"表示无标题行，"true"表示数据源中的第一行为标题行，这是一个可缺省参数，如果缺省则默认为"null"；第三个参数用于设置延迟类型，它也是一个可缺省参数，默认值是"true"，也就是延迟。

如果需要更换数据源，只要修改这个 M 公式"File.Contents"参数里的路径名和工作簿名即可。M 公式修改前后的异同如图 4-15 所示。

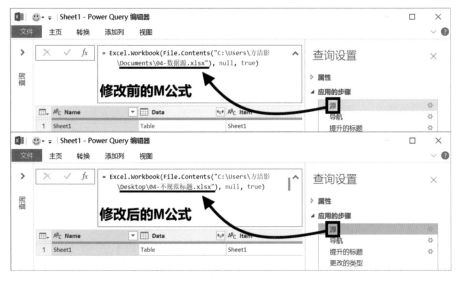

图 4-15　修改"源"步骤的 M 公式

此处修改 M 公式并不麻烦，麻烦的是新、旧数据源表"长得"不太一样，如图 4-16 所示，新数据源真正的标题内容出现在第四行。

---

① username 为电脑的用户名。

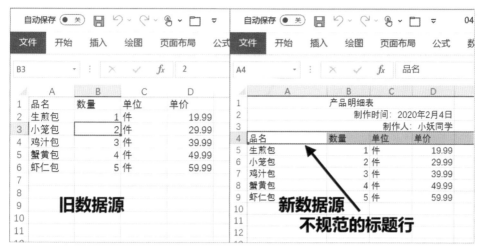

图 4-16 新、旧数据源对比和新数据源中不规范的标题行

这种不规范却又很常见的表格结构，导致"异空间"对其标题有了点"误会"，需要在"导航"步骤后面加一个删除前 3 行的操作，才能消除此"误会"。但是，在选择【主页】选项卡下【删除行】下拉选项中的【删除最前面几行】选项后，弹出的对话框并不是预期的，而是一个确认是否要在中间插入步骤的对话框。此处不必担心"插队"会带来什么不良后果，直接单击【插入】按钮，然后继续进行删除行的操作即可，如图 4-17 所示。

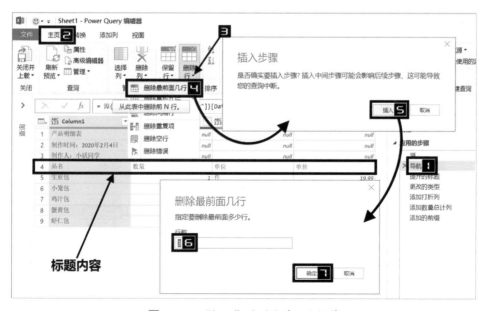

图 4-17 "插队"的删除前 3 行操作

如此一来，再分别选取"删除的顶端行"步骤和"提升的标题"步骤，就可以从【编辑栏】看到图 4-18 所示的两个 M 公式。

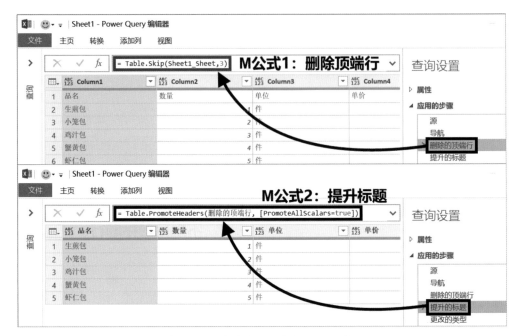

图 4-18　查看步骤所生成的 M 公式

公式 2 里的参数"删除的顶端行"，其实就是由公式 1 所生成的，所以这两个公式可以合并成一个。将公式 1 里面等号之后的内容复制下来，替换掉公式 2 里的"删除的顶端行"部分，就会得到一个新公式，如图 4-19 所示。

```
= Table.PromoteHeaders(Table.Skip(Sheet1_Sheet,3), [PromoteAllScalars=true])
```

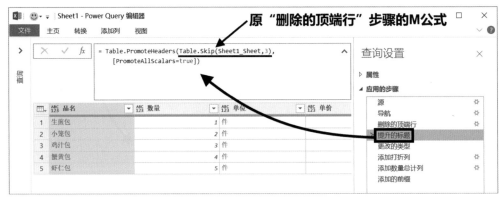

图 4-19　合并后的 M 公式

有了这个合并后的新公式，"删除的顶端行"步骤就变得多余了，可以"咔嚓"掉。而"提升的标题"步骤的名称明显已与实际操作不符，最好改成"规范标题"。

4.5 修改M代码

除了添加自定义步骤以外，还可以直接在【高级编辑器】里修改M代码。比如在"添加的前缀"步骤后面再添加一个删除"数量总计"列的步骤。这一步骤的M公式是：

```
= Table.RemoveColumns( 添加的前缀 ,{" 数量总计 "})
```

这个公式在查询表中可以直接通过【删除列】命令获得。

先将这个M公式复制备用，打开【高级编辑器】对M代码进行修改。但是这里可不是只进行复制粘贴就可以，而是需要修改四处地方，如图4-20所示。

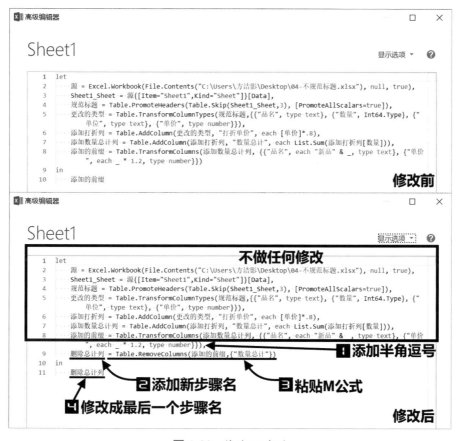

图4-20　修改 M 代码

第一处是在第8行代码的最后添加一个半角逗号。除了最后一个步骤以外，其他所有步骤的末尾都要加一个半角逗号。

第二处是在第8行代码后添加一行，并添加新步骤的步骤名。每个M公式前都有一个步骤名，步骤名只要能形象地表示操作内容，且与之前的步骤名没有重复就可以了，此处用"删除总计列"作为新的第9行代码的步骤名。

第三处就是在新添加的步骤名后粘贴刚才复制的M公式。

第四处是将最后一行修改为"删除总计列"，使其与最后一个步骤名一致。

最后单击【确定】按钮，M代码就被愉快地修改了。

可见，只要稍微了解一点规律，看似"烧脑"的M语言，其实可以利用操作自动生成的步骤，再进行一些微调来完成，降低使用难度。

第 5 章

各种算

本章主要介绍"异空间"在计算方面的"造诣"。虽然上一章介绍的M语言可以"包揽"一切计算，但是一些简单的计算实在没必要"劳M语言大驾"，直接用功能区里的命令就能实现。

这些命令在【转换】选项卡下【编号列】组（或者【添加列】选项卡下的【从数字】组）的【统计信息】【标准】（四则运算）【科学记数】【三角函数】【舍入】和【信息】下拉选项里，如图5-1所示。

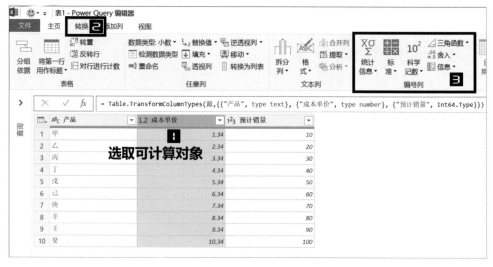

图5-1 与计算相关的命令按钮

因为绝大部分的计算对文本无效，所以在进行这些操作之前所选取的对象需要是可计算的数值列，如整数类型、小数类型、货币类型、百分比类型等。如果选取文本对象，则只能进行计数计算，如图5-2所示。

图5-2 选取文本对象只能进行计数计算

5.1 运算

在图 5-3 所示的工作表中（素材：05-各种算.xlsx），数据只有三列："产品""成本单价"和"预计销量"。很明显，在这三列数据的基础上直接进行下一步的统计，如计算预计销售总额等，有点困难，所以需要将其以【自表格/区域】的方式送进"异空间""装裱"一番。

首先要在成本单价的基础上加20%，计算出真正的销售价格，也就是用"成本单价"列乘以1.2。相比在【自定义列】里编写M公式，更加简单粗暴的办法就是直接用"异空间"里的运算功能。

如图 5-3 所示，选取"单价"列以后，使用【添加列】选项卡下【标准】下拉选项里的【乘】命令，并在因此操作而弹出的【乘】对话框里输入【值】为"1.2"，单击【确定】按钮，新的"乘法"一列就添加成功了。为了使表格更加规范，还要将标题名"乘法"改成"销售单价"。

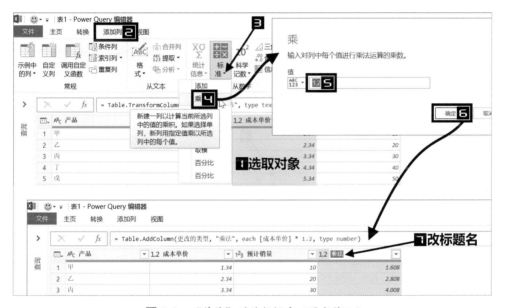

图 5-3 "单价"列的数据乘以固定值 1.2

改标题名除了使用传统的双击标题修改以外，还可以直接在M公式里把"乘法"改成"销售单价"。这一做法不仅更加简单粗暴，而且还减少了步骤，如图 5-4 所示。

表中有了"预计销量"和"销售单价"两列，就可以据此计算"销售金额"了。用的还是与上面相同的【添加列】选项卡下【标准】下拉选项里的【乘】命令，只不过在选取对象的时候，选取的是"预计销量"和"销售单价"两列。然后没有出现预期的对话框，"乘法"列就冒出来了，如图 5-5 所示。最后将新添加的"乘法"列的标题名改为"销售金额"。

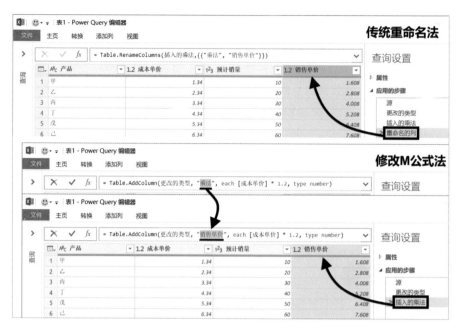

图 5-4　直接重命名和修改 M 公式重命名对比

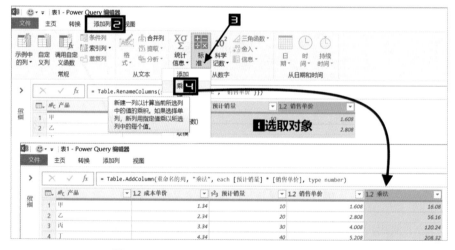

图 5-5　"预计销量"列乘以"销售单价"列

要点提示：四则运算

- 转换：【Power Query 编辑器】→选取单列数值对象→【转换】→【标准】→【添加】或【乘】或【减】或【除】等→输入固定值→【确定】

- 添加：【Power Query 编辑器】→选取单列数值对象→【添加列】→【标准】→【添加】或【乘】或【减】或【除】等→输入固定值或使用指定列→【确定】

- 添加：【Power Query 编辑器】→选取至少两列数值对象→【添加列】→【标准】→【添加】或【乘】或【减】或【除】等

"销售单价"和"销售金额"两列数据的计量单位是人民币（元），没必要出现小数点后三位，这时可以用四舍五入来处理多余的小数位。单击【转换】选项卡下的【舍入】下拉按钮，选择其中的【舍入…】选项，在弹出的对话框里填入需要保留的【小数位数】为"2"，再单击【确定】按钮，小数点后超过两位的就全部被四舍五入了，不足两位的只显示 1 位，并不会在小数点后第 2 位显示"0"，如图 5-6 所示。

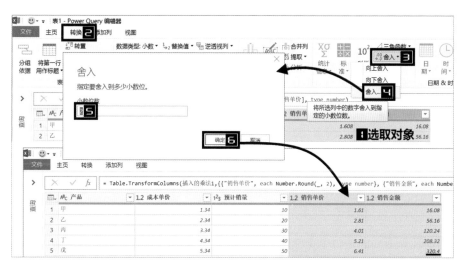

图 5-6 四舍五入保留小数点后两位数字

要点提示: 四舍五入

● 转换:【Power Query 编辑器】→选取数值对象→【转换】→【舍入】→【舍入…】→输入小数点后保留的位数→【确定】

● 添加:【Power Query 编辑器】→选取数值对象→【添加列】→【舍入】→【舍入…】→输入小数点后保留的位数→【确定】

接下来就该计算每种产品的销售金额占销售总金额的百分比了。首先要添加一个自定义的"总金额"列，计算出所有产品的销售总金额,【自定义列】里的公式如下：

```
=List.Sum( 舍入 [ 销售金额 ])
```

有了"总金额"列以后，计算占比就不是问题了。如图 5-7 所示，选取"销售金额"列，单击【添加列】选项卡下的【标准】下拉按钮。弹出的下拉选项中有两个【百分比】，上面一个是计算每一列的指定百分比值，下面那个才是计算占比。选择第二个【百分比】选项，在弹出的对话框里选择【值】为"总金额"，单击【确定】按钮后，每种产品的销售金额占总金额的百分比就出现在新的"百分比"列里了。

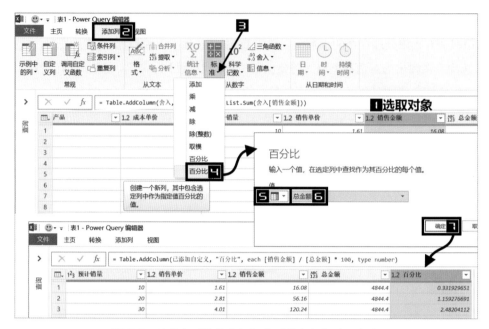

图 5-7　计算各"销售金额"占"总金额"的百分比

但是，当前计算返回的是每个金额除以总金额后再乘以 100 的值，而不是真正的百分比数值。面对"异空间"如此"过分积极"的表现，可以添加一个步骤将这一列所有的数据除以 100。只要选择【转换】选项卡下【标准】下拉选项中的【除】，再在弹出的对话框里设置【值】为"100"，然后单击【确定】按钮，如图 5-8 所示，最后将该列数据类型改为【百分比】即可。

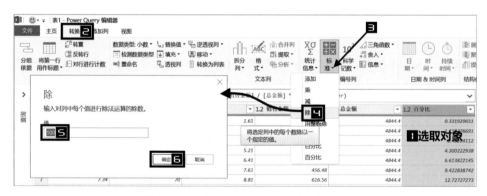

图 5-8　将"百分比"列除以固定值 100

但是，既然可以看到【编辑栏】，那么也可以不采用上述步骤，而是直接简单粗暴地将"以下项已插入的百分比"步骤所生成的 M 公式中的"*100""咔嚓"掉，如图 5-9 所示，再将数据类型改为【百分比】即可。

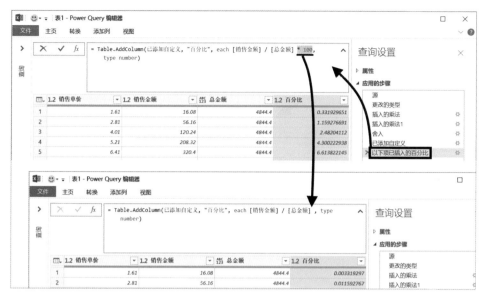

图 5-9 修改 M 公式，取消其中 "*100" 的运算

计算完占比以后，原来的 "总金额" 列明显就多余了。面对这一列，尽管 "咔嚓" 掉，不用担心会给占比结果带来异常。

要点提示：计算占比

- 转换：【Power Query 编辑器】→选取数值对象→【转换】→【标准】→【百分比】（第二个）→输入固定值→【确定】
- 添加：【Power Query 编辑器】→选取数值对象→【添加列】→【标准】→【百分比】（第二个）→输入固定值或使用指定列→【确定】
- 添加：【Power Query 编辑器】→选取两列数值对象→【添加列】→【标准】→【百分比】（第二个）→【确定】

5.2 判断

为了便于关注不同价位，可以依据单价设置一个专门的 "单价级别" 列：大于 8 的显示为 "高"；4 到 8 之间（含 8）的显示为 "中"；小于等于 4 的显示为 "低"。这就要用到【添加列】选项卡下的【条件列】命令了，如图 5-10 所示。

具体的条件在弹出的对话框里设置，如图 5-11 所示。"If" 后面的【列名】选择 "销售单价" 列，【运算符】用 "大于"，【值】填写 "8"，【输出】为 "高"，这样就完成了一个【子句】。但是还有其他判断未完成，这就需要单击【添加子句】按钮来增加判断。

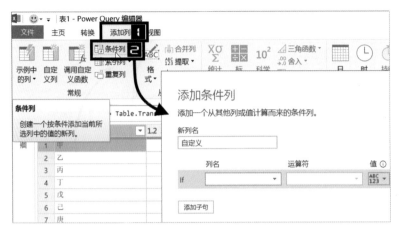

图 5-10 添加条件列

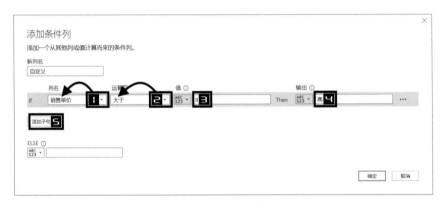

图 5-11 设置条件列的第一个条件

如图 5-12 所示，"If"下面多出了"Else If"行，后面的内容分别填入"销售单价""大于""4"和"中"。还有一个"低"需要判断，但此处就不需要再添加子句了，只要在"ELSE"后面填上"低"即可。最后不要忘记将【新列名】改成"价格级别"，再单击【确定】按钮，判断价格级别的列就生成了。

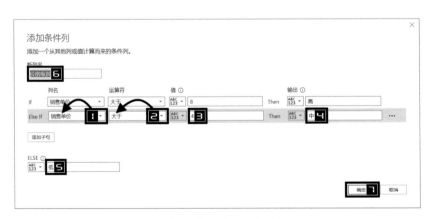

图 5-12 条件列的剩余设置

要点提示：添加条件列

● 【Power Query 编辑器】→【添加列】→【条件列】→设置条件和输出值→更改新列名→【确定】

经过一番"装裱"，数据就变得相对完整了，如图 5-13 所示。

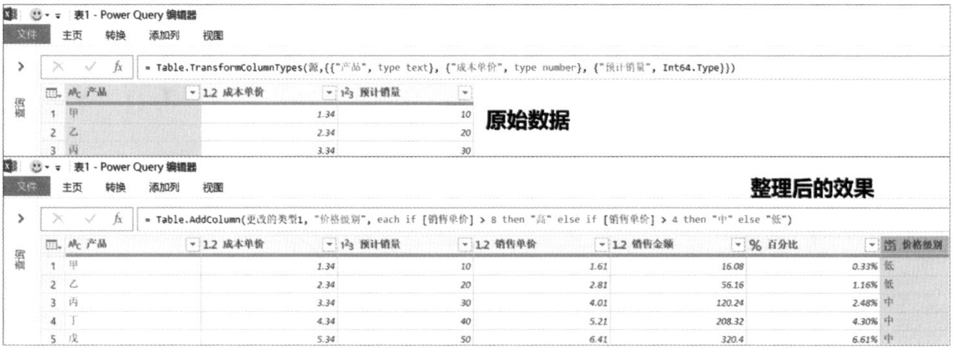

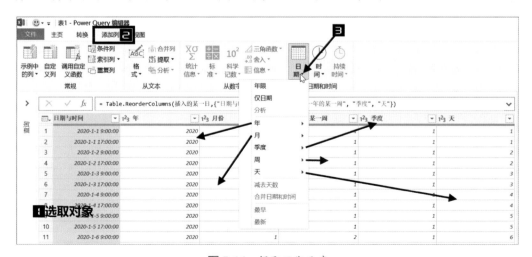

图 5-13 示例数据整理前后对比

5.3 日期与时间

在"异空间"里，可以参与计算的除了有数值，还有日期与时间。例如，有一列数据显示了一周之内的日期与时间（素材：05‑日期与时间.xlsx），将数据以【自表格/区域】的方式送进"异空间"以后，可以看到数据以【日期/时间】类型显示在查询表中。选取这一列以后，与日期和时间相关的命令按钮就可以使用了。

单击【添加列】选项卡下的【日期】下拉按钮，分别从中选择【年】【月】【周】【季度】【天】选项，即可将"日期与时间"列中的"年""月""周""季度""天"提取出来，如图 5-14 所示。

图 5-14 提取日期元素

要点提示: 提取日期中的元素

- 转换:【Power Query 编辑器】→选取日期或日期与时间对象→【转换】→【日期】→选择需要提取的元素

- 添加:【Power Query 编辑器】→选取日期或日期与时间对象→【添加列】→【日期】→选择需要提取的元素

单击【添加列】选项卡下的【时间】下拉按钮,分别从中选择【小时】【分钟】【秒】选项,即可将"日期与时间"列中的"时""分""秒"提取出来,如图 5-15 所示。

图 5-15 提取时间元素

要点提示: 提取时间中的元素

- 转换:【Power Query 编辑器】→选取时间或日期与时间对象→【转换】→【时间】→选择需要提取的元素

- 添加:【Power Query 编辑器】→选取时间或日期与时间对象→【添加列】→【时间】→选择需要提取的元素

可见,在"异空间"里,计算功能也不算太"弱智",尤其再配合使用 M 公式,基本的需求就都可以满足了。

第 6 章

各种转

无论是"拆"还是"算",都是对数据源表进行"微调",其实"异空间"还可以从结构上进行各种转换,让数据源表有更大的变化。

6.1 精简"臃肿"表

公司中的"表哥""表姐"们每月都要制作一些报表,而制作报表的依据就是数据源表。图 6-1 所示就是一份社保缴纳明细的数据源表(素材:06-分组依据.xlsx),从这张表中可以看到,最小数据颗粒度是每位员工。然而,表中数据茫茫多,真正对制作报表起到作用的,只有作为条件列的"月份""一级部门""二级部门"和作为汇总列的"公司缴纳""个人缴纳""总计"这 6 列。

图 6-1　社保缴纳明细的数据源表

这种情况下,可以对原始表进行"减肥"。但这不是简单地删除多余列,而是要按条件列分类,对汇总列进行分组求和,将最小颗粒度由每位员工提升到"二级部门",如图 6-2 所示。

	月份名称	一级部门	二级部门	分组总计	分组公司缴纳	分组个人缴纳	G
49	十月	甲分公司	上海区域	1046.952	763.992	282.96	
50	十月	甲分公司	华东总区	697.968	509.328	188.64	
51	十月	甲分公司	江苏区域	11792.096	8585.216	3206.88	
52	十月	甲分公司	浙江区域	697.968	509.328	188.64	
53	十月	乙分公司	华东总区	4041.088	2909.248	1131.84	
54	十月	乙分公司	江苏区域	348.984	254.664	94.32	
55	十月	乙分公司	江西区域	348.984	254.664	94.32	
56	十月	乙分公司	浙江区域	348.984	254.664	94.32	
57	十一月	甲分公司	上海区域	1046.952	763.992	282.96	
58	十一月	甲分公司	华东总区	697.968	509.328	188.64	
59	十一月	甲分公司	江苏区域	11792.096	8585.216	3206.88	
60	十一月	甲分公司	浙江区域	697.968	509.328	188.64	
61	十一月	乙分公司	华东总区	4041.088	2909.248	1131.84	
62	十一月	乙分公司	江苏区域	348.984	254.664	94.32	
63	十一月	乙分公司	江西区域	348.984	254.664	94.32	
64	十一月	乙分公司	浙江区域	348.984	254.664	94.32	
65							

图 6-2　"减肥"后的数据源表

先新建一个工作簿，将示例文件中的数据以【获取数据】→【来自文件】→【从工作簿】的方式导入"异空间"内。由于数据源中的"月份"列是完整日期，并不方便直接作为条件列使用，所以需要通过依次选择【添加列】→【日期】→【月】→【月份名称】选项，专门添加一个以汉字显示的"月份名称"列作为条件列（图 6-3）。

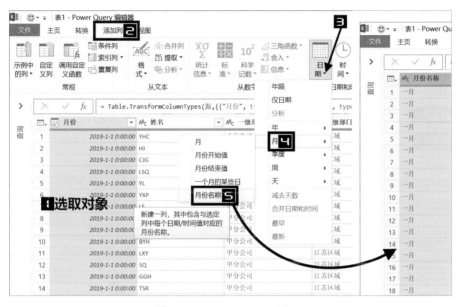

图 6-3　添加"月份名称"列

"月份名称"默认按数据源的顺序排列。如果担心日后排序会出"幺蛾子"，亦可依次选择【添加列】→【日期】→【月】→【月】选项来添加以数字显示的"月份名称"。另外，目前表里只包含 2019 年的数据，所以只添加"月份名称"列即可。如果表中包含跨年度的数据，则应再添加一个"年度"列。

接下来就可以按"月份名称"列对"总计"列进行汇总了，如图 6-4 所示。单击【主页】（或【转换】）选项卡下的【分组依据】按钮，在弹出的对话框中进行设置：分组依据选择"月份名称"列，【新列名】为"分组总计"，具体的汇总【操作】是对"总计"列（柱）进行"求和"。单击【确定】按钮以后，原来"臃肿"的查询表就只剩下了"月份名称"和"分组总计"共 11 行 2 列数据。

但是，"瘦身"成这样就有点营养不良了，需要再添加"一级部门"和"二级部门"这两个分组依据。这时可以单击"分组的行"步骤的【设置】按钮，重新调出【分组依据】对话框，对原来的设置进行修改：选中【高级】单选按钮，并且连续进行两次【添加分组】操作，分别添加"一级部门"和"二级部门"，这样查询表里的数据就可以按"月份名称""一级部门"和"二级部门"分别对"总计"列进行分组求和了，如图 6-5 所示。

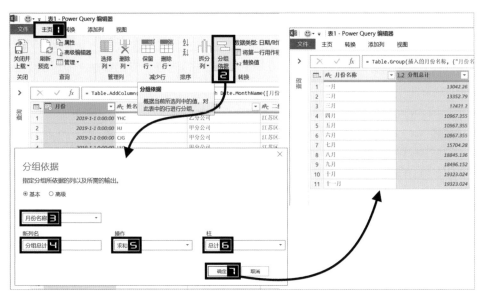

图 6-4　按"月份名称"对"总计"列进行求和

图 6-5　添加分组

除了【添加分组】以外，只对"总计"一列进行汇总还不够，继续单击【添加聚合】按钮，分别添加"分组公司缴纳"和"分组个人缴纳"两个聚合的新列名，对"公司缴纳"列和"个人缴纳"列进行求和操作。单击【确定】按钮以后，一个"身材匀称"的数据源表就此成型，如图 6-6 所示。

图 6-6　添加聚合

要点提示：分组汇总

- 【Power Query 编辑器】→【主页】或【转换】→【分组依据】→【基本】→选取分组列→设置新列名→选取汇总种类→选取汇总列→【确定】
- 添加多个分组：【分组依据】→【高级】→【添加分组】→选取分组列
- 添加多个聚合：【分组依据】→【高级】→【添加聚合】→设置新列名→选取汇总种类→选取汇总列

最后，将"异空间"里的数据【关闭并上载】到Excel工作表里，一个原本"臃肿"的表就变成了"匀称"的表，数据量得到了有效精简。将这个工作簿保存以后，只需要打开此工作簿并刷新数据，就可以在此基础上制作其他统计报表。

6.2　二维表转一维表

前面所有的示例所展示的都是一维表，还有一种二维表。一维表、二维表是Excel数据表的专用概念，并不是标准的数据库术语。Excel的一维表每一行都是完整的记录，每一列用来存放一个字段，相同属性的内容只放在一列里面。Excel的二维表类似于数据库里面的交叉表，由行、列两个方向的标题交叉定义数据的属性，同一种属性的内容存放于多列之中。

一维表和二维表从外观上很容易区分，看表格的标题行就能判断。如图 6-7 所示，左边的是一维表，三列分别存储的是三个类别的数据，列标题体现了对应的类别名称："日期""姓名"和"班次"；而右边的是二维表，除了第一列"日期"以外，后面五个标题代表的是同一个类别"姓名"，而"班次"这个类别却没有在标题中体现出来。

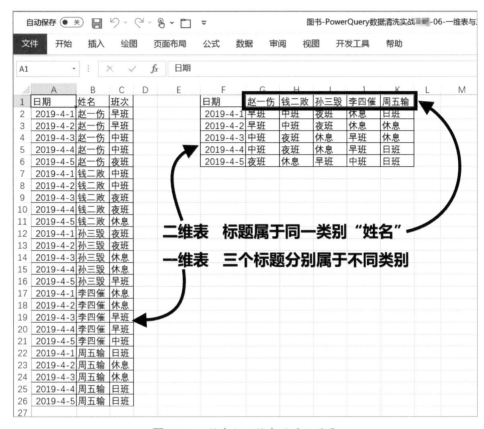

图 6-7　一维表与二维表的外观差异

相比于二维表，一维表更适合数据的储存、透视和分析。因此高效的做法是，以一维表为数据源自动生成统计报表（很多统计报表的结构就是二维表）。如图 6-8 所示，右边三个结构完全不同的统计报表都是以左边的一维表为数据源，用【数据透视表】功能瞬间生成且数据可联动更新。

然而在现实中，很多数据源直接被做成了二维表，这时可以借助"异空间"将其转为一维表。操作过程非常简单，先将示例文件（素材：06-一维表与二维表.xlsx）右边的二维表通过【自表格/区域】的方式导入"异空间"，再将"日期"列的数据改成【日期】类型，接下来就可以进行转换操作了。

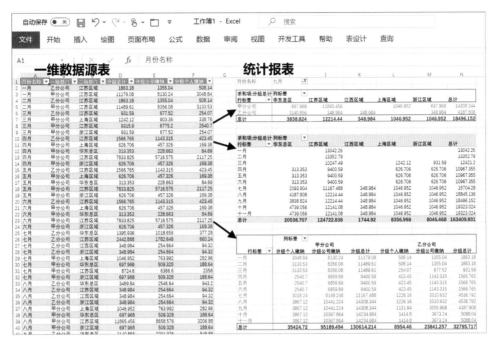

图 6-8 一维数据源表与统计报表

　　使用这一功能之前的选取对象操作极其重要，必须要选取所有需要转换的列，否则绝对会转换出"神秘莫测"的结果。这里既然是要将后面五列都进行转换，那就把这五列都选取，然后单击【转换】选项卡下的【逆透视列】按钮，看似复杂的二维表转一维表就这样一键完成了，如图 6-9 所示。当然，出于规范，还要将转换后的"属性"和"值"列的标题名分别改成"姓名"和"班次"。

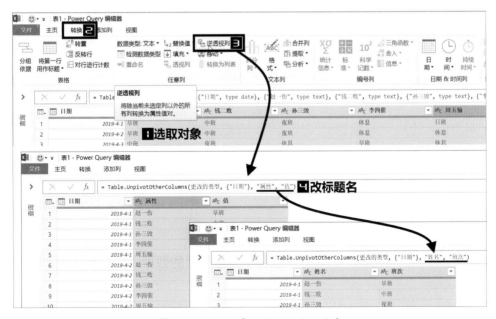

图 6-9 将二维表一键转换为一维表

要点提示：二维表转一维表

- 【Power Query编辑器】→选取待转换的列→【转换】→【逆透视列】
- 【Power Query编辑器】→选取无须转换的列→【转换】→【逆透视列】（下拉按钮）→【逆透视其他列】

而那些本质就是统计报表的二维表（素材：06-统计报表.xlsx），如图6-10所示，转换过程就相对复杂一些。

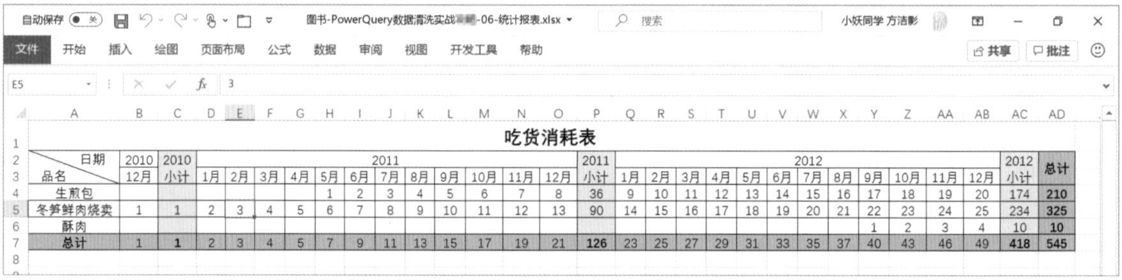

吃货消耗表

日期/品名	2010 12月	2010 小计	2011 1月	2月	3月	4月	5月	6月	7月	8月	9月	10月	11月	12月	2011 小计	2012 1月	2月	3月	4月	5月	6月	7月	8月	9月	10月	11月	12月	2012 小计	总计
生煎包							1	2	3	4	5	6	7	8	36	9	10	11	12	13	14	15	16	17	18	19	20	174	210
冬笋鲜肉烧卖	1	1	2	3	4	5	6	7	8	9	10	11	12	13	90	14	15	16	17	18	19	20	21	22	23	24	25	234	325
酥肉																								1	2	3	4	10	10
总计	1	1	2	3	4	5	7	9	11	13	15	17	19	21	126	23	25	27	29	31	33	35	37	40	43	46	49	418	545

图6-10 二维统计报表

在转换之前，先来研究一下这个表的结构，它一共有三个类别：“年月”“品名”和“数量”。这就意味着，转换后的一维表只需要包括分别体现这三个类别的三列即可。

先选取表中任意一个非合并的单元格，如B2，通过【自表格/区域】功能将数据导入“异空间”内。这时可以发现，异空间虽然对【合并单元格】并没有排斥到“有你没我”的地步，但也不是“原装”转换。所有原来合并的单元格都被拆分，且只保留了一个单元格里的内容，其他都显示为空值“null”，如图6-11所示。

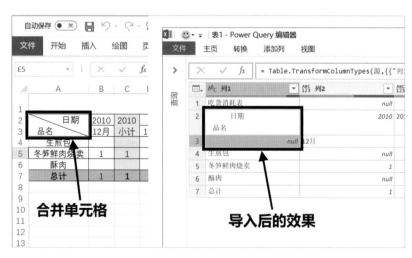

图6-11 合并单元格进入“异空间”后的效果

由于在"异空间"中，行和列的操作是各异的，有些功能只能在列上进行，所以需要先对这个查询表中的【行】和【列】进行位置调换。在【转换】选项卡下单击【转置】按钮即可完成这种调换，如图6-12所示。

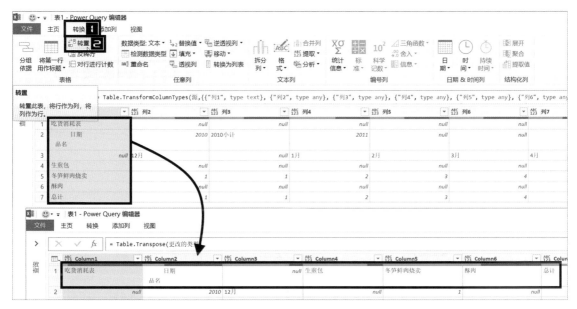

图6-12 行、列位置调换

要点提示: 行列互转

● 【Power Query编辑器】→【转换】→【转置】

完成【转置】，通过单击【主页】选项卡下的【将第一行用作标题】按钮提升标题后，接下来就是逐列处理。

第一列，除了标题"吃货消耗表"以外，其他都是空值"null"，根本没有存在的意义，可以直接删除整列。然后将"吃货消耗表"五个字作为这个查询表的表名，直接输入到【查询设置】的【属性窗格】里，如图6-13所示。

"日期品名"列虽然也有很多空值"null"，但这些空值都是有意义的，需要将它们变成上面一个最近的非空单元格里的内容。也就是说，要把"2011"下面所有的"null"转成"2011"，而将"2012"下面所有的"null"转成"2012"。实现这一目标可以使用【向下填充】功能，单击【转换】选项卡下的【填充】下拉按钮，从中选择【向下】选项，如图6-14所示。

图 6-13　修改查询表表名

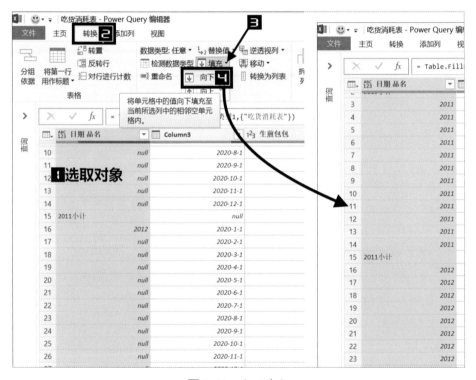

图 6-14　向下填充

要点提示：填充

- 向下填充：【Power Query 编辑器】→选取对象→【转换】→【填充】→【向下】
- 向上填充：【Power Query 编辑器】→选取对象→【转换】→【填充】→【向上】

再利用【筛选】功能，将这一列中所有包含"计"字（"小计"和"总计"）的行删除。在【筛选】窗格里，如果需要去掉的目标选项较少，可以直接取消勾选对应选项前面的复选框，如图 6-15 所示。

图 6-15 取消勾选以去掉包含"计"字的行

如果目标选项有点多，逐个取消勾选会把鼠标"累坏"。这时，首选是使用【文本筛选器】功能。正常情况下，筛选器会根据数据类型自动出现【文本筛选器】【数字筛选器】或【日期筛选器】选项。但是如图 6-16 所示，筛选窗格里发生了点"灵异事件"，只有【筛选器】命令，且其子命令也只剩下【等于】和【不等于】两个。原来，这一列的数据类型是【任意】，而其中既有文本，又有数值，于是"异空间""糊涂"了，不知道该把这一列"假装"成什么类型。

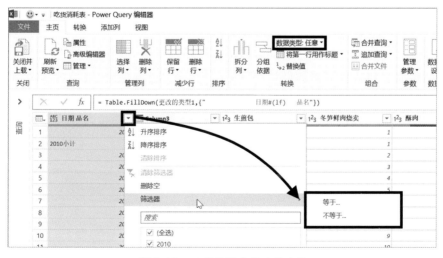

图 6-16 不明数据类型的筛选器

遇到这一"灵异"事件，只要将数据类型强制改为【文本】，就能利用【文本筛选器】功能，将【不包含】"计"的内容筛选出来，如图6-17所示。

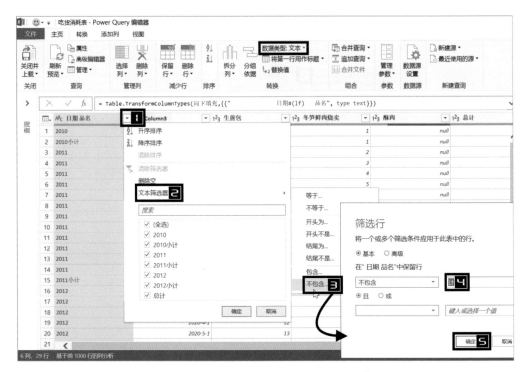

图6-17 使用文本筛选器保留不包含"计"字的行

从原始数据看，"Column3"列应该是月份，但是在"异空间"里几番"折腾"以后，自动转换成了当年的日期。依次选择【转换】选项卡下的【日期】→【月份】选项，即可将其中的月份重新提取出来。

"年"的数据和"月"的数据都有了，就可以使用【合并列】功能将其合并，中间的分隔符使用"-"，新的列名就叫"年月"。

后面的四列全部是具体数据，其中的"总计"列并无存在的意义，直接"咔嚓"掉。而剩下的三列就是需要从二维表向一维表转换的列，使用【转换】选项卡下的【逆透视列】功能即可实现。

转换完成以后，再将新生成的两列标题名分别改成"品名"和"数量"，看似浩大的工程，在"异空间"里轻轻松松就完成了，如图6-18所示。

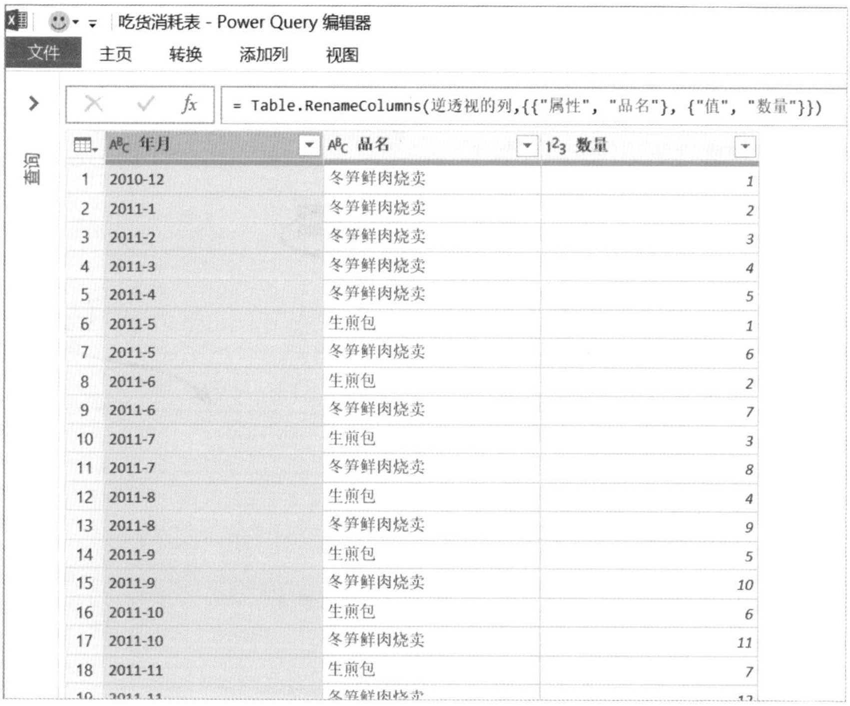

图 6-18 整理后的示例数据

6.3 一维表转二维表

二维表在"异空间"里可以利用【逆透视列】功能一键转成一维表，反之，一维表也可以一键转成二维表，所使用的就是【透视列】功能。示例文件仍然使用 6.2 节的"一维表与二维表"工作簿（素材：06-一维表与二维表.xlsx），先选取左边的一维表，然后通过【自表格/区域】的方式将其导入"异空间"。

接下来只要将"日期"列的数据改成【日期】类型，就可以直接进行转换操作了，只不过操作之前的选取对象更加有讲究。用一句话概括就是，想把哪一列转成标题行，就选取哪一列。比如这个排班表，如果想让"姓名"横向排列成标题行，就选取"姓名"列；如果想让"日期"横向排列成标题行，则选取"日期"列。但是无论如何，都不能选取用于汇总的"班次"列。

此处选取"姓名"列，单击【转换】选项卡下的【透视列】按钮，在弹出的对话框里设置【值列】为"班次"。单击【确定】按钮，一维表就"摇身一变"，变成二维表了，如图 6-19 所示。

然而转换的结果并不理想，因为【透视列】默认的计算方法是"数值求和、文本计次"，"班次"属于文本数据类型，直接被计次了，没有显示实际的班次内容。所以需要单击"已透视列"步骤的设置按钮，重新调出【透视列】对话框，将其中的【高级选项】展开，在【聚合值函数】中选择【不要聚合】选项，单击【确定】按钮以后，才能让每一个"班次"显示在查询表中，如图 6-20 所示。

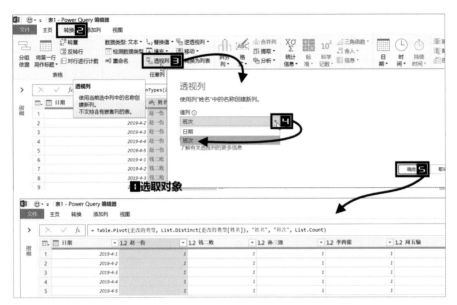

图 6-19　将一维表转成二维表

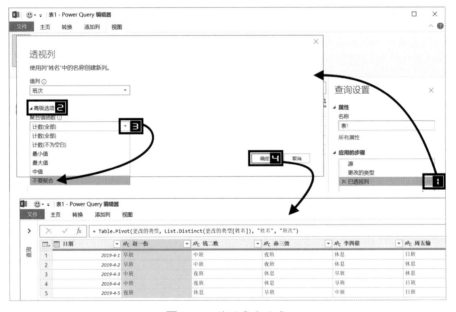

图 6-20　修改聚合方式

要点提示: 一维表转二维表

- 【Power Query编辑器】→选取对象→【转换】→【透视列】→选择【值列】→【高级选项】→选择【聚合值函数】→【确定】

可见, 在"异空间"里, 哪怕是对表格结构进行大幅度转变, 也只需要轻点几下鼠标就可以完成。

第 7 章

各种并

Microsoft Office培训，Excel Home云课堂直通解决！

Excel系列课程
- 函数公式
- 数据分析
- 数据呈现
- VBA编程
- 财务/HR实战

Office其他课程
- Word排版
- Power BI商业智能
- Outlook时间管理
- PPT美化
- WPS全面实战

Excel Home 云课堂

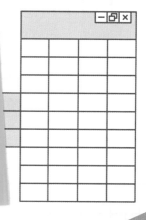

在实际工作中，数据源表可能来自若干个工作表，甚至是若干个工作簿。由于Excel本身在跨工作表和跨工作簿统计方面的局限性，通常需要先将多表合并成一个数据表后再进行统计汇总，否则统计工作将会举步维艰。

多表合并，有的是若干个相同或相似结构的表合并成一个表，有的是两个不同结构的表中的一部分内容根据某字段进行合并。这类操作要么是反复复制粘贴的"体力活"，要么是动用函数代码的"技术活"，唯有在"异空间"里，才是轻点几下鼠标就可以完成的"轻松活"。只不过，轻松的程度和数据源表本身的规范程度相关，数据源表越规范，合并也就越轻松。

7.1 合并相同结构的多个规范工作表中的数据表

先来看多个规范工作表的合并，这一次的数据源（素材：07-规范标题.xlsx）是具有相同结构的数据表按11个月被分别放到了11个工作表里。这11个数据表的第1行就是标题，表中除了必要的数据以外，没有任何多余的内容，如图7-1所示。

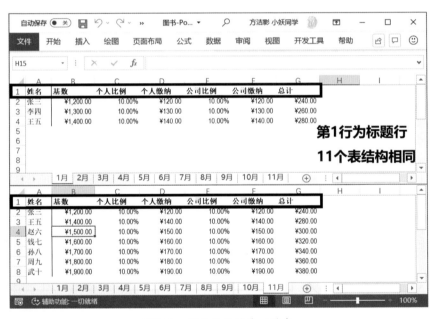

图7-1 同结构规范多工作表

这类合并的核心步骤是【展开】，但是之前的准备步骤不可缺少。第一步自然还是导入数据，因为数据源文件是否处于打开状态不会对"异空间"中的操作产生任何影响，所以这一操作可以直接在数据源所在的示例文件中进行。依次选择【数据】选项卡下的【获取数据】→【来自文件】→【从工作簿】选项，在【导入数据】对话框中定位目标文件，也就是处于打开状态的示例文件本身，然后单击【导入】按钮。

进入导航器以后，不选择数据源中的任何一个工作表，而是直接选择工作簿，再单击【转换数据】按钮，也可以进入"异空间"。只不过这次"异空间"中的查询表不再是某一个工作表中的具体数据，而是所有工作表的列表，包含"Name""Data""Item""Kind"和"Hidden"5 列，如图 7-2 所示。

图 7-2 选择工作簿以后进入"异空间"

在这 5 列中，"Kind"列是数据源表的类型，目前都是 Sheet（工作表）。Excel 中的【工作表】【自定义名称】和"超级表"都可以成为"异空间"的数据源。为避免未来有可能出现的【自定义名称】和"超级表"出来"捣乱"，这里需要先使用【文本筛选器】功能，筛选出所有等于"Sheet"的行，如图 7-3 所示。

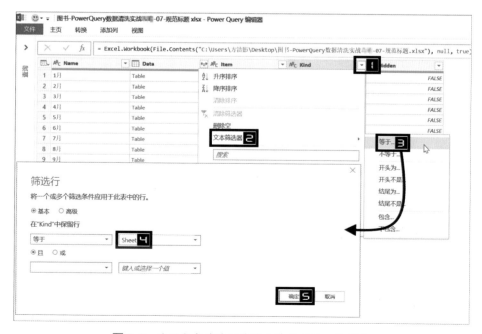

图 7-3 使用文本筛选器筛选出等于"Sheet"的行

如果示例文件中增加了其他不需要合并的工作表，也会影响查询。所以还需要对"Name"列使用【文本筛选器】筛选出结尾为"月"的数据，如图7-4所示。这样一来，除了未来会新增的"12月"工作表以外，其他新增工作表里的数据都会在刷新后被"拒之门外"。

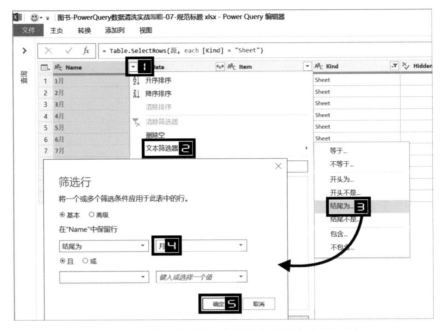

图7-4 使用【文本筛选器】筛选出结尾为"月"的行

接下来，与合并操作不再相干的"Item""Kind"和"Hidden"3列就可以"咔嚓"掉了。

"Data"列里的数据都是"Table"，单击其中任意一个单元格的空白处，从【预览窗格】里可以看到，这正是对应工作表里的实际数据，这些数据的第1行并没有成为标题，标题是系统自动生成的"Column1""Column2"等，如图7-5所示。

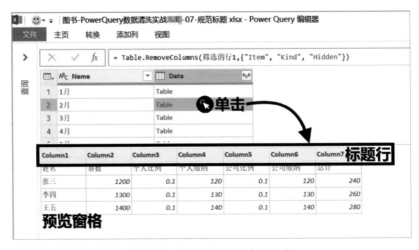

图7-5 预览"Table"中的内容

接下来进行核心操作：要把所有的"Data"列里的数据合并到一个查询表里，只要单击"Data"列标题右端的【展开】按钮即可。此处可以不做任何修改，直接在弹出的窗格里单击【确定】按钮，原来的"Data"列就被展开成7列，而这7列正是每个工作表里的具体数据，如图7-6所示。

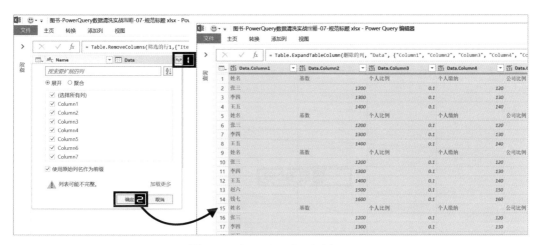

图7-6　展开"Data"列的数据

在"异空间"里，类似的合并操作，如【展开】及后面章节会提及的【追加查询】【合并文件】等，数据是否会被合并到同一列中，其判断标准是标题名而不是每列的排列顺序，不同的表中标题名完全一致的，就会被合并到同一列中；某个表中单独存在的标题名，会生成独立的一列，不会与任何表中的数据合并，如图7-7所示。本示例中，被合并的表使用的是系统自动生成的"Column 1""Column 2"之类的标题名，其合并的判断标准就是系统自动生成的这些标题名。

图7-7　标题名是判断能否被合并到同一列的标准

接下来就是一些扫尾操作：提升标题；利用筛选功能去掉原来各表的标题行；第1列的列名改成"月份"，如图7-8所示。在这个操作过程中，会有一个自动步骤"更改的类型"，这会导致第1列自动变成今年的日期，如果不需要这种效果，可以删除这一步骤。最后单击【关闭并上载】按钮回到"现世"，合并了 11 个工作表的数据就会出现在新生成的工作表 Sheet 1 里。

图 7-8　各种扫尾操作

这时候，如果在工作簿里新建一个工作表，命名为"12 月"，并将 12 月的数据以同样的表格结构放在其中，保存工作簿以后再单击【全部刷新】按钮，新添加的 12 月的数据也会自动进入 Sheet 1 中的合并表，如图 7-9 所示。

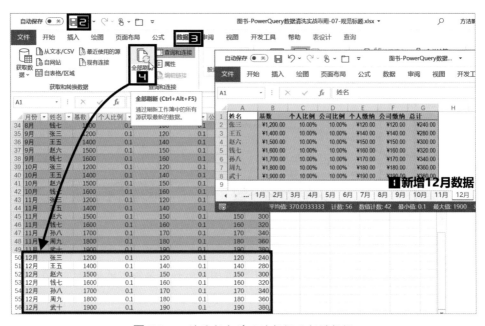

图 7-9　一键更新合并后的数据及新增数据

7.2 合并相似结构的多个不规范工作表中的数据表

7.1 节所展示的数据源属于"资质"比较好的，所以合并起来相当省心。然而，实际工作中经常遇到的数据源，"资质"就未必理想了（素材：07-不规范标题.xlsx）。同样是 11 个月的数据被分别放到了 11 个工作表里，但每个工作表的第 1 行都不是真正的标题，每个表中还多了一个"总计"行，最要命的是表格结构也有差异。D 列和 E 列，1 月的标题分别是"个人缴纳"和"公司比例"，不知从哪个月起这两列的顺序就调换了，如图 7-10 所示。

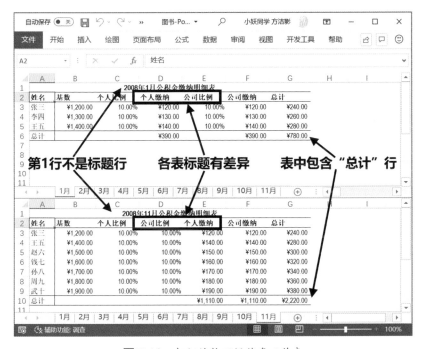

图 7-10 相似结构不规范多工作表

遇到这样的问题，简单一点的处理方法就是，先在 Excel 界面对每个工作表做个"小手术"，选取全部 11 个工作表后删除第 1 行，如图 7-11 所示，这一操作可以应用到所有被选取的 11 个工作表里。

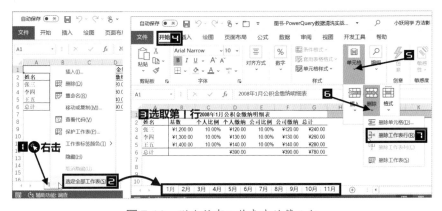

图 7-11 删除所有工作表中的第 1 行

保存工作簿以后，取消选取所有工作表，以【来自文件】→【从工作簿】的方式进入"异空间"。

从 7.1 节的操作中可以看出，导入"异空间"后，"Data"列里的每个"Table"的标题行都是系统自动生成的"Column 1""Column 2"等，而展开后的数据能否存在于同一列，依据的就是列标题名。直接展开会导致"Column 4"和"Column 5"列的"个人缴纳"和"公司比例"交叉合并，造成混乱，所以需要提升"Data"列里每个表的标题行。

这时，只要将"源"步骤里 M 公式"Excel.Workbook"的第二个参数由"null"改为"true"，每一个被导入的数据表的第一行就会提升为标题行了，如图 7-12 所示。

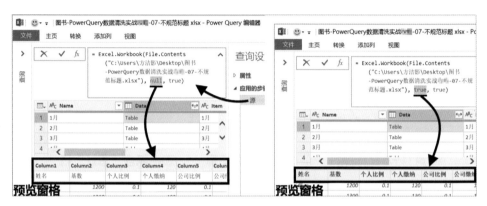

图 7-12 修改源步骤的 M 公式以提升"Data"列中每个"Table"的标题

后面的操作步骤与 7.1 节已无太大差别，同样需要进行 2 次筛选，以及删除"Item""Kind"和"Hidden"3 列，以去掉无效数据。再对"Data"列进行【展开】操作，【展开】时需要取消勾选【使用原始列名作为前缀】复选框。【展开】完成后的扫尾操作，包括利用筛选功能将"总计"行删除（可以筛选"基数"列里的"null"），以及将"Name"列的标题名改为"月份"，如图 7-13 所示。最后单击【主页】选项卡下的【关闭并上载】按钮，合并就完成了。

图 7-13 各种扫尾操作

但是，直接在 Excel 界面将每个工作表的第 1 行删除，从某种意义上来说，破坏了数据源，所以最好还是能直接由"异空间"来对付多出来的第 1 行。只不过，合并的过程会有点"痛苦"。

前面的步骤并没有什么不同，还是将数据以【从工作簿】的方式导入，并进行 2 次筛选和 1 次删除列操作，以去掉无效数据。

接下来，直接修改"Excel.Workbook"的第 2 个参数已无意义，需要手动添加一个步骤。右击最后一个步骤"删除的列"，调出快捷菜单后选择其中的【插入步骤后】选项，就会出现一个新添加的"自定义 1"步骤，这个步骤并不代表任何具体的操作，只是单纯等于上一步的操作结果，查询表中也没有任何变化，如图 7-14 所示。

图 7-14 手工添加步骤

添加这个"自定义 1"步骤的目的，就是要自行编写 M 公式，通过这一个 M 公式同时实现 3 个功能：将"Data"列里的每一个"Table"进行转换；将每个"Table"中的第 1 行删除；再提升每个"Table"的标题行。这就需要用到 3 个 M 公式：用于转换的"Table.TransformColumns"公式、用于删除行的"Table.Skip"公式和用于提升标题行的"Table.PromoteHeaders"公式。

先来看"Table.TransformColumns"公式，使用这个 M 公式对"删除的列"步骤所生成的表的"Data"列进行转换，具体的转换步骤暂时用 A 代替，则公式可以写成如下：

```
=Table.TransformColumns( 删除的列 ,{"Data", A})
```

再来看"Table.Skip"，使用这个 M 公式是要对"Data"列里的每一个具体的表的第 1 行进行删除，这里除了用到 M 公式"Table.Skip"以外，还会用到"each _"结构，用"_"代表每一个具体的表，则公式可以写成如下：

```
=each Table.Skip(_,1)
```

除了删除第1行，还要提升标题行，这就可以用M公式"Table.PromoteHeaders"实现，合成后的公式如下：

```
=each Table.PromoteHeaders(Table.Skip(_,1))
```

而以上这个合成的公式，正是"Table.TransformColumns"公式中的具体转换步骤A，所以最终完整的M公式如下：

```
=Table.TransformColumns(删除的列,{"Data",each Table.PromoteHeaders(Table.Skip(_,1))})
```

写好公式后，数据源中多出来的首行就被处理好了。这时，再单击任意一个"Table"单元格的空白处，就可以从【预览窗格】里看到已经被规范的表格。最后不要忘记将步骤名改成更具描述性的"规范标题"，如图7-15所示。

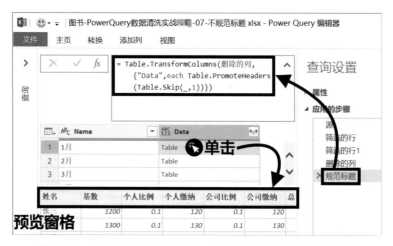

图7-15 通过 M 公式规范"Data"列里每个"Table"的标题

有了规范的"Table"，接下来就只剩下【展开】和一些后续的扫尾步骤了，此处不再赘述。

7.3 合并不同结构的多个数据表

7.2 节完成合并以后的表是一个公积金明细表，但是数据并不完整，其中没有员工"部门"和"职位"的数据，也没有销售部员工的数据，这些数据都需要合并到公积金明细表中。

"部门"和"职位"数据在另一个工作簿里（素材：07-部门职位.xlsx）。如果需要统计各部门或各职位的公积金缴纳费用，就必须将公积金明细表和部门职位表的数据进行合并。具体而言，就是把"部门职位表"里所有人的"部门"和"职位"列到公积金明细表中每个对应的"姓名"后面。而这类合并，其核心步骤是【合并查询】。

在进行核心步骤之前，仍有一堆准备步骤，首先就是要把"部门职位表"里的数据送进"异空间"。不过，为了这么点小事重回"现世"（Excel界面）去操作，动静未免太大，不如直接在"异空间"里操作。单击【主页】选项卡下的【新建源】下拉按钮，在其下拉选项【文件】的子菜单中选择【Excel】，打开【导入数据】对话框，定位到目标文件后单击【导入】按钮，如图 7-16 所示。进入【导航器】以后，选取需要导入的表并单击【确定】按钮。这一操作所达到的效果，与从 Excel 界面将数据导入"异空间"并无差别。

图 7-16　直接在"异空间"中导入数据

这时候的"异空间"与之前相比，有了些许不同：【导航】窗格自动展开了，从中可以看到，已经有两个查询表，其中的"Sheet1"就是刚才导入的部门职位表，如图 7-17 所示。

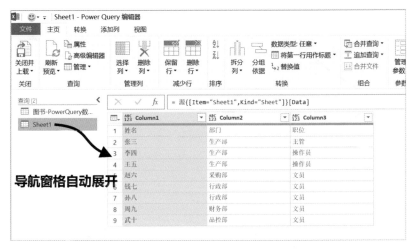

图 7-17　"异空间"中被导入了多个查询表

要点提示：直接在Power Query编辑器中导入数据

● 【Power Query 编辑器】→【主页】→【新建源】→【文件】→【Excel】→定位目标文件→【导入】

　　"Sheet1"这个表本身很规范，只要单击【第一行用作标题】按钮，就可以进行下一步的合并。只是两个查询表的表名都不太合适，需要修改。将"Sheet1"改成"部门职位表"，将另一个直接"继承"了数据源工作簿名的查询表改成"公积金明细表"，更切合表中数据，如图 7-18 所示。

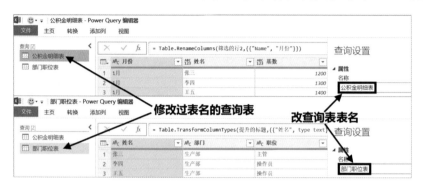

图 7-18　修改过表名的查询表

　　完成以上准备步骤以后，就可以开始正式合并了。选取"公积金明细表"，单击【主页】选项卡下的【合并查询】按钮，在弹出的对话框里，先选择"部门职位表"作为合并表，再分别单击两个表同时包含的列，即"姓名"列，若匹配成功，对话框最下面会显示"所选内容匹配第一个表中的 ** 行"字样，这时单击【确定】按钮就可以愉快地完成合并，如图 7-19 所示。

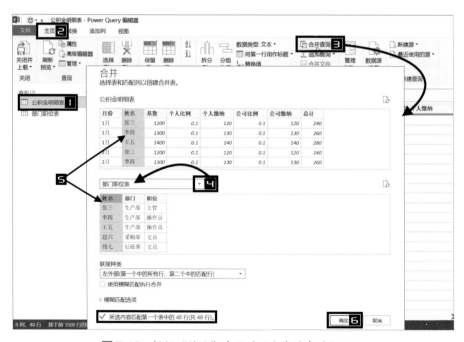

图 7-19　根据"姓名"字段对两个查询表进行匹配

要点提示：根据匹配列将两个查询表合并成一个

- 【Power Query 编辑器】→选取查询表→【主页】→【合并查询】→【合并查询】或【将查询合并为新查询】（下拉选项）→选择表→选取匹配列→选择连接种类→【确定】

- Excel 界面→【数据】→【获取数据】→【合并查询】→【合并】→选择表（可能需要选择两个表）→选取匹配列→选择连接种类→【确定】

- Excel 界面→选取查询表→【查询】→【合并】→选择表→选取匹配列→选择连接种类→【确定】

【合并查询】操作完成以后，数据以 "Table" 形式出现在查询表中，还需要进行【展开】操作。在【展开】窗格里不需要再保留原表中已经存在的 "姓名"，也不需要使用前缀，具体操作如图 7-20 所示。

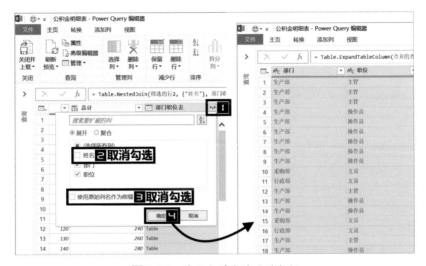

图 7-20 展开合并查询后的数据

经过这次合并以后，查询表由原来的 8 列变成了 10 列，字段已经完整，如图 7-21 所示。但数据仍然不完整，因为还有一部分销售部门员工的数据在另一个工作簿上（素材：07-销售部.xlsx），所以还需要继续合并。

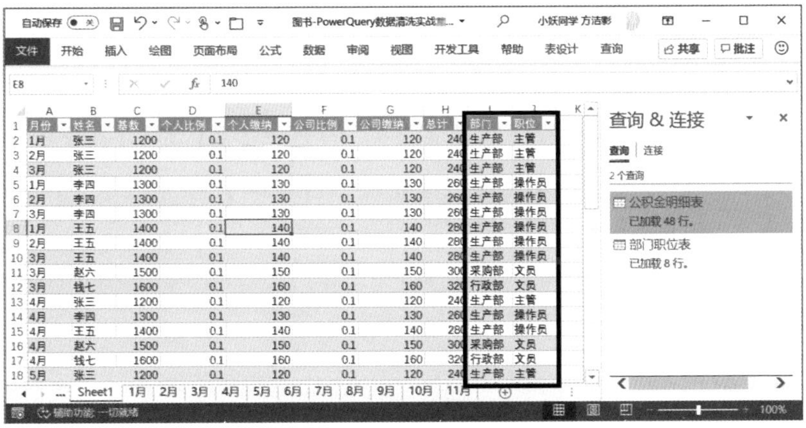

图 7-21 匹配后字段完整的查询表

"销售部"的表格结构与"公积金明细表"一模一样，完全可以用7.1节介绍的方法来实现合并，前提是要将"销售部"的数据和完成上述操作后的Sheet1的数据放到一个工作簿中。但是相同结构多表合并不是只有这一条路可走，还可以用以【追加查询】为核心步骤的操作方法来实现。

先依次选择【主页】选项卡下的【新建源】→【文件】→【Excel】选项，再定位到目标文件，导入相关的数据，再将查询表表名"Sheet1"改成"销售部"。

将"销售部"的数据导入"异空间"以后，最后自动生成的步骤"更改的类型"导致"月份"列变成今年的日期，为避免与"公积金明细表"合并后出现不一致，可以删除这一步骤。

选择"公积金明细表"，单击【主页】选项卡下的【追加查询】按钮，在弹出的对话框里选择待追加的"销售部"，单击【确定】按钮，两个表就完全合并到一起了，从"部门"列的筛选选项中，可以看到所有的部门都在表中，如图7-22所示。

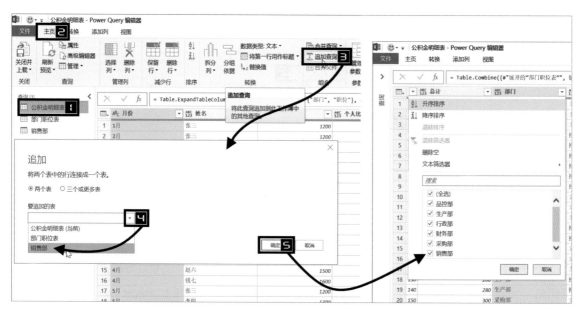

图7-22 将两个同结构的查询表合并成一个查询表

要点提示：将两个或多个结构相同的查询表合并成一个

- 【Power Query编辑器】→选择查询表→【主页】→【追加查询】→【追加查询】或【将查询追加为新查询】（下拉选项）→选择两个/三个或更多表→选择要追加的表→【确定】
- Excel界面→【数据】→【获取数据】→【合并查询】→【追加】→选择主表→选择两个/三个或更多表→选择要追加的表→【确定】
- Excel界面→选择查询表→【查询】→【追加】→选择两个/三个或更多表→选择要追加的表→【确定】

最后，单击【关闭并上载】按钮返回Excel界面，Sheet1里的"公积金明细表"数据就终于完整了，如图7-23所示。

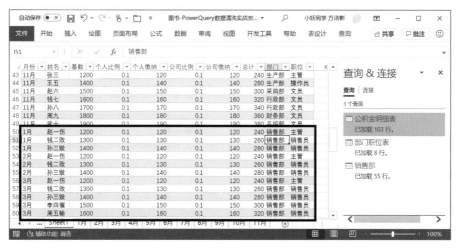

图 7-23 完整的"公积金明细表"（部分）

另外，"部门职位表"和"销售部"两个查询表也会被上载，并出现在自动生成的"Sheet 2"和"Sheet 3"里，这里可以选择隐藏这两个工作表，让其不出现在"明面上"；或如图 7-24 所示，删除这两个工作表，删除后这两个查询表的上载显示方式会自动变成【仅限连接】。

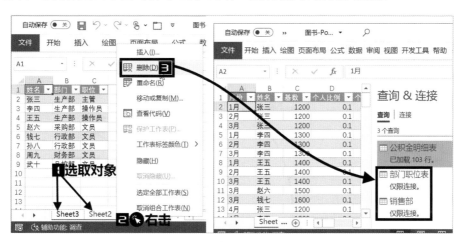

图 7-24 通过删除查询上载表所在的工作表改变上载显示方式

7.4 合并多个规范工作簿中的数据表

若是相同结构的数据源表不在同一工作簿内，而是保存在不同的工作簿呢？遇到这样的问题，表格结构的规范程度不同，解决的方法也不同。

比如像示例文件这样（素材文件夹：07-多簿规范标题）规范的表格，相同结构的表分别在 12 个工作簿的 Sheet 1 里，如图 7-25 所示，这类合并的核心步骤是【合并文件】。

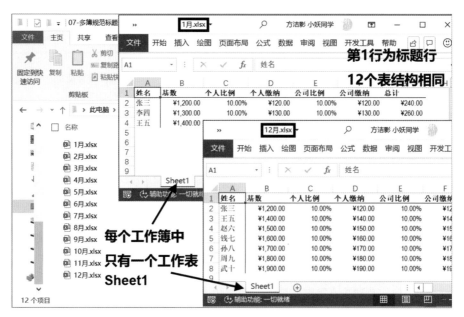

图 7-25　同结构规范多工作簿

打开示例文件夹中的"合并 .xlsx"工作簿，在【数据】选项卡下单击【获取数据】下拉按钮，然后依次选择【来自文件】→【从文件夹】选项，在弹出的对话框中通过【浏览】定位到目标文件夹，单击【确定】按钮，如图 7-26 所示。

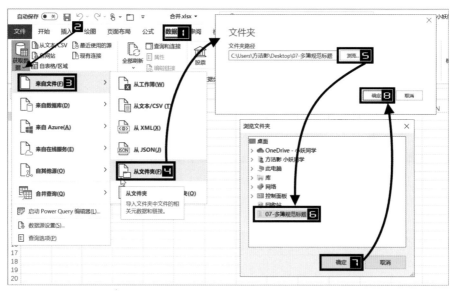

图 7-26　从文件夹导入数据

之后出现的对话框不再是导航器，而是一个单纯的指定文件夹内所有文件的列表。这里不需要做什么特别的修改设置，直接单击【转换数据】按钮进入"异空间"即可，如图 7-27 所示。

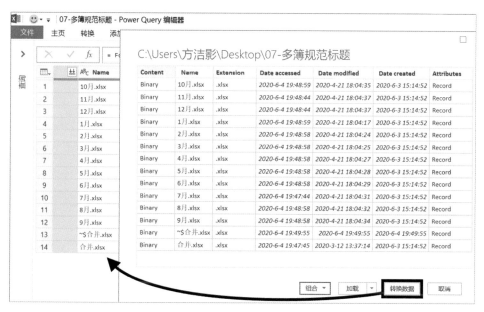

图 7-27 将文件夹中的列表数据导入"异空间"

要点提示：从文件夹导入数据到Power Query

- Excel界面→【数据】→【获取数据】→【来自文件】→【从文件夹】→【浏览】→定位指定文件夹→【确定】→【确定】→【加载】或【转换数据】
- 【Power Query编辑器】→【主页】→【新建源】→【文件】→【文件夹】→【浏览】→定位指定文件夹→【确定】→【确定】→【转换数据】

接下来只要单击第1列"Content"列标题右端的【合并文件】（或【主页】选项卡下的【合并文件】）按钮，在【合并文件】对话框中的【显示选项】里选择待合并工作簿里的工作表，此处是【Sheet1】，再单击【确定】按钮后，合并就完成了，如图7-28所示。

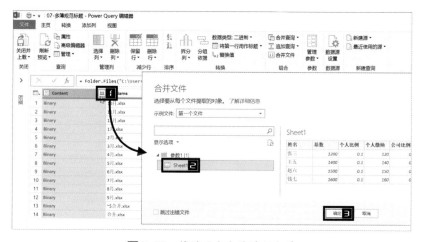

图 7-28 将若干个文件进行合并

要点提示：合并文件

● 【Power Query 编辑器】→单击列标题右端的【合并文件】按钮→选择待合并的工作表→【确定】

● 【Power Query 编辑器】→【主页】→【合并文件】→选择待合并的工作表→【确定】

● 从文件夹导入数据到 Power Query→【组合】或【合并并转换数据】

如图 7-29 所示，合并后需要再完成一些扫尾的步骤：将第 1 列的标题名改成"月份"；将第 1 列里的".xlsx"通过【替换值】的方式去掉；利用筛选功能将不需要参与合并的"合并"表去掉（或筛选掉"姓名"列里的"null"）。单击【关闭并上载】按钮以后，规范表格结构的多工作簿合并就完成了。

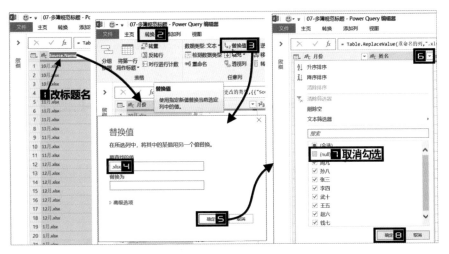

图 7-29　各种扫尾操作

秉承着 Power Query 的一贯作风，在这个文件夹里新增相同结构的工作簿，或者删除现有工作簿以后，在"合并"工作簿里单击【全部刷新】按钮，就可以一键更新数据了，如图 7-30 所示。

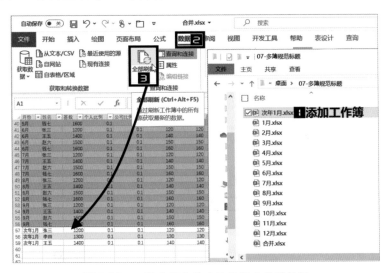

图 7-30　一键更新合并后的数据及新增数据

7.5　合并多个不规范工作簿中的数据表

7.4 节进行多工作簿合并以后，"异空间"的【导航】窗格里会出现很多内容，包括查询表、参数和自定义函数，步骤窗格里也自动生成了多个步骤，如图 7-31 所示。

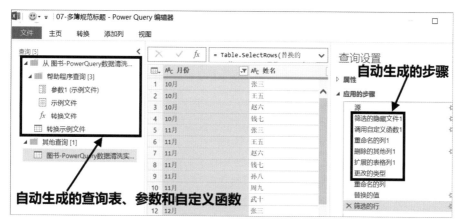

图 7-31　【合并文件】后自动生成的查询表等

对于非常规范的数据源，不需要对其中的步骤或参数、函数等进行任何修改，但是，如果要合并的表格不规范，如图 7-32 所示（素材文件夹：07-多簿不规范标题），别的不说，【自定义函数】里的 M 代码肯定是要修改的。

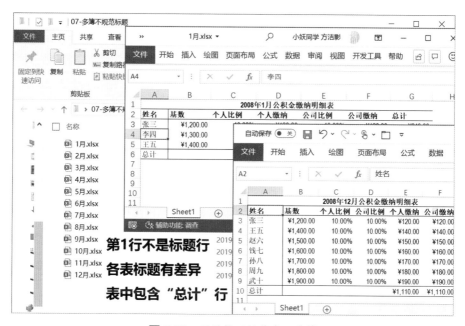

图 7-32　同结构不规范多工作簿

参照 7.4 节的操作过程，打开"合并.xlsx"工作簿，以【从文件夹】的方式导入数据，此处可以不单击【转换数据】按钮，而是从【组合】下拉选项中选择【合并并转换数据】选项，直接进行合并文件的操作，如图 7-33 所示。完成示例文件夹中 12 个工作簿的合并之后，就可以对其中的【自定义函数】"开刀"了。

C:\Users\方洁影\Desktop\07-多簿不规范标题

Content	Name	Extension	Date accessed	Date modified	Date created	Attributes	Folder Path
Binary	10月.xlsx	.xlsx	2020-6-4 19:48:47	2020-4-21 18:06:14	2020-6-3 15:14:52	Record	C:\Users\方洁影\Desktop\07-多簿不规范标题
Binary	11月.xlsx	.xlsx	2020-6-4 19:48:44	2020-4-21 18:06:16	2020-6-3 15:14:52	Record	C:\Users\方洁影\Desktop\07-多簿不规范标题
Binary	12月.xlsx	.xlsx	2020-6-4 19:48:44	2020-5-29 17:54:53	2020-6-3 15:14:52	Record	C:\Users\方洁影\Desktop\07-多簿不规范标题
Binary	1月.xlsx	.xlsx	2020-6-4 19:48:47	2020-4-21 18:06:01	2020-6-3 15:14:52	Record	C:\Users\方洁影\Desktop\07-多簿不规范标题
Binary	2月.xlsx	.xlsx	2020-6-4 19:48:47	2020-4-21 18:06:03	2020-6-3 15:14:52	Record	C:\Users\方洁影\Desktop\07-多簿不规范标题
Binary	3月.xlsx	.xlsx	2020-6-4 19:48:47	2020-4-21 18:06:04	2020-6-3 15:14:52	Record	C:\Users\方洁影\Desktop\07-多簿不规范标题
Binary	4月.xlsx	.xlsx	2020-6-4 19:48:47	2020-4-21 18:06:06	2020-6-3 15:14:52	Record	C:\Users\方洁影\Desktop\07-多簿不规范标题
Binary	5月.xlsx	.xlsx	2020-6-4 19:48:47	2020-4-21 18:06:07	2020-6-3 15:14:52	Record	C:\Users\方洁影\Desktop\07-多簿不规范标题
Binary	6月.xlsx	.xlsx	2020-6-4 19:48:47	2020-4-21 18:06:09	2020-6-3 15:14:52	Record	C:\Users\方洁影\Desktop\07-多簿不规范标题
Binary	7月.xlsx	.xlsx	2020-6-4 19:48:47	2020-4-21 18:06:10	2020-6-3 15:14:52	Record	C:\Users\方洁影\Desktop\07-多簿不规范标题
Binary	8月.xlsx	.xlsx	2020-6-4 19:48:47	2020-4-21 18:06:12	2020-6-3 15:14:52	Record	C:\Users\方洁影\Desktop\07-多簿不规范标题
Binary	9月.xlsx	.xlsx	2020-6-4 19:48:47	2020-4-21 18:06:13	2020-6-3 15:14:52	Record	C:\Users\方洁影\Desktop\07-多簿不规范标题
Binary	~$合并.xlsx	.xlsx	2020-6-4 19:48:47	2020-5-29 17:41:19	2020-6-3 15:14:52	Record	C:\Users\方洁影\Desktop\07-多簿不规范标题
Binary	合并.xlsx	.xlsx	2020-6-4 19:48:47	2020-3-12 13:37:14	2020-6-3 15:14:52	Record	C:\Users\方洁影\Desktop\07-多簿不规范标题

合并并转换数据
合并和加载
合并和加载到...

组合 ▼ 　加载 ▼ 　转换数据 　取消

图 7-33　直接合并文件

如图 7-34 所示，【转换文件】就是【自定义函数】，通过编辑 M 公式可以实现一些批量的操作。选择【转换文件】选项后，单击【视图】选项卡里面的【高级编辑器】按钮，在弹出的【高级编辑器】对话框中可以看到 M 代码。因为修改这里的 M 代码有可能造成后面的步骤出错，所以在【高级编辑器】对话框出现前，会弹出一个提示对话框，单击【确定】按钮即可。

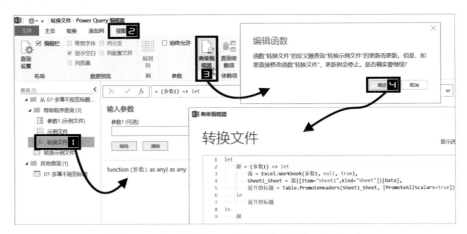

图 7-34　查看自定义函数【转换文件】的 M 代码

默认生成的 M 代码实现了三个步骤的批量操作：引用数据源的"源"步骤、展开工作表的"Sheet1_Sheet"步骤和提升标题行的"提升的标题"步骤。

数据源不规范导致的结果就是，除了原有的三个步骤以外，还需要添加两个批量操作的步骤：一个是删除第一行效果的"删除顶端行"步骤，另一个是筛选掉"总计"行效果的"筛选的行"步骤。而原有的"提升的标题"这一步骤因其操作顺序会发生变化，需要在删除第一行以后再进行，所以也要修改。

面对"烧脑"的M语言，可以按照第4章介绍的方法，通过具体操作来获得所需的M代码：导入其中任意一个工作簿，对其依次进行"删除顶端行""提升的标题"和"筛选的行"三个步骤的操作，删除在操作过程中自动生成的"更新的类型"步骤。进入【高级编辑器】后，即可得到如下M代码：

```
删除的顶端行 = Table.Skip(Sheet1_Sheet,1),
提升的标题 = Table.PromoteHeaders( 删除的顶端行 , [PromoteAllScalars=true]),
筛选的行 = Table.SelectRows( 提升的标题 , each ([ 姓名 ] <> " 总计 "))
```

用上述三行M代码替换掉原来的"提升的标题"，再将第9行的M代码改成最后一个步骤的步骤名，如图 7-35 所示。

图 7-35　修改 M 代码

单击【完成】按钮以后，回到合并好的查询表，会发现有错误，那是因为更改数据类型时找不到原来的标题名而造成的，只要将最后一步"更改的类型"删除即可，如图 7-36 所示。

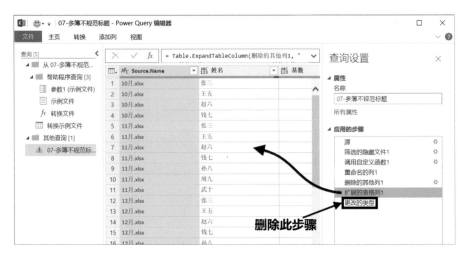

图 7-36　合并后的效果

最后的扫尾步骤不再赘述。单击【关闭并上载】按钮以后，不规范表格结构的多工作簿合并工作也完成了。文件夹中任何同结构工作簿的增、删、改，在"合并"工作簿里单击【全部刷新】按钮，都可以一键更新。

7.6　合并多个工作簿里面的多个工作表

在 7.4 和 7.5 两节的案例中，每个工作簿只有一个工作表，然而实际工作中不乏更复杂的情况——多簿多表，也就是如示例文件（素材文件夹：07-多簿多表）那样，有多个工作簿，每个工作簿里又有数量不同的多个工作表，每个工作表的结构相同，需要把所有的数据合并到一个工作表里，如图 7-37 所示。

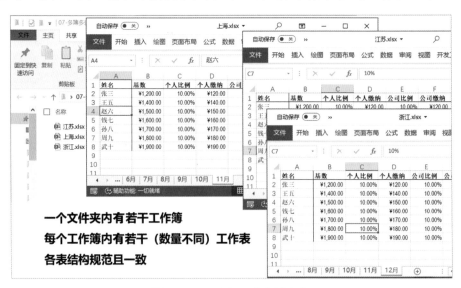

图 7-37　同结构规范多簿多表

这类合并的核心步骤仍然是【展开】，只不过不止一次【展开】，之前的准备步骤也相对更复杂，还需要用到"烧脑"的M公式。

前面的操作步骤仍是打开"合并.xlsx"工作簿，依次选择【数据】选项卡下的【获取数据】→【来自文件】→【从文件夹】选项，通过【浏览】定位到目标文件夹，单击【确定】按钮后再单击【转换数据】按钮进入"异空间"。

只是进入"异空间"以后，就不能直接使用【合并文件】功能了。为了避免接下来的合并产生什么"误会"，还是先把不需要参与合并的工作簿"合并.xlsx"和因为打开此文件而产生的隐藏文件利用筛选的方式去除。

虽然这里只筛选【不包含】"合并"的工作簿就可以达到效果，但为防止进行数据刷新时有文件夹内的其他工作簿处于打开状态，最好还是加上专门的筛选隐藏文件的步骤。

筛选掉隐藏的文件，可以利用隐藏文件的命名规则，筛选"Name"列中【开头不是】"~"的内容，如图7-38所示。

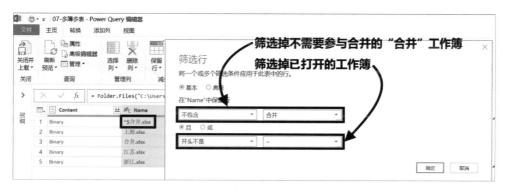

图 7-38 筛选掉不需要合并的内容

或者更"高大上"一点，添加一个新的步骤，命名为"筛选隐藏的文件"，使用如下M公式来去掉所有隐藏文件，如图7-39所示。

```
= Table.SelectRows( 源 , each [Attributes] [Hidden] <> true)
```

图 7-39 筛选隐藏的文件

接下来就是进行多簿多表的合并了。这里需要创造出一个可供展开的列，这一功能可以通过添加【自定义列】来实现，新列命名为"工作簿"，在其中使用如下M公式：

```
= Excel.Workbook([Content], true)
```

单击【确定】按钮以后，查询表就会多出一个可展开的列，单击任意一个"Table"右边的空白处，就可以从预览窗格看到其中具体的内容，如图7-40所示。

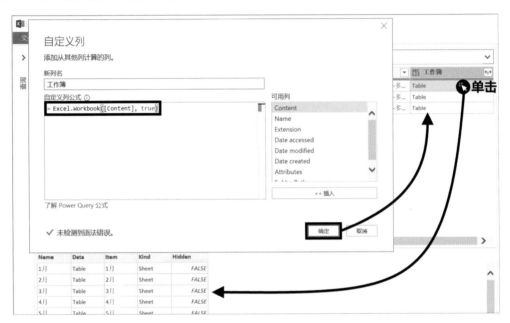

图 7-40　利用 M 公式添加"工作簿"自定义列公式

再接下来就是轻车熟路的【展开】了，不过在操作之前，为避免查询表中无效数据太多，可以先将其中多余的列删除，只留下"Name"和"工作簿"两列。

第一次【展开】"工作簿"列以后，再将多余的"Item""Kind"和"Hidden"三列删除。如果数据源表结构非常规范，直接对"Data"列进行第二次【展开】即可；如果数据源表结构不规范，可以在这里添加一个步骤，使用M公式将表格结构进行规范后再对"Data"列进行第二次【展开】。

完成以上操作以后，接下来就是对表格进行一些扫尾处理，如改标题名、替换掉".xlsx"等，将最终的数据整理成如图7-41所示。毋庸置疑，文件夹中任何同结构工作簿的增、删、改，在"合并"工作簿里单击【全部刷新】按钮，仍然可以一键更新。

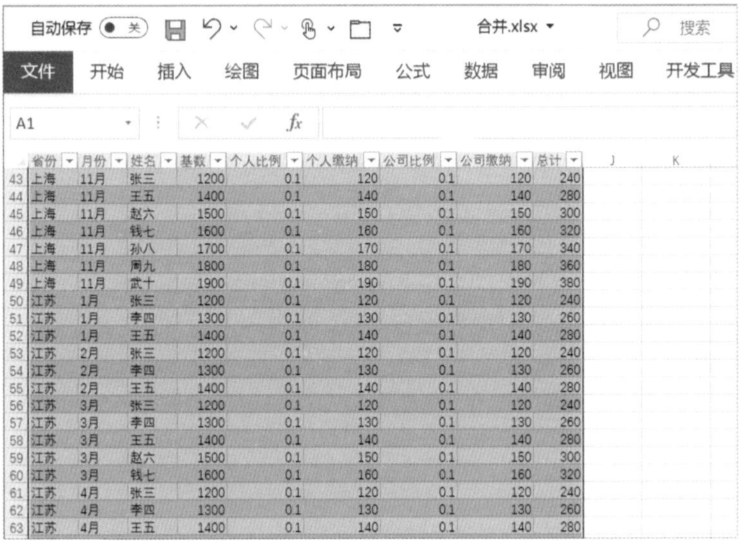

	省份	月份	姓名	基数	个人比例	个人缴纳	公司比例	公司缴纳	总计
43	上海	11月	张三	1200	0.1	120	0.1	120	240
44	上海	11月	王五	1400	0.1	140	0.1	140	280
45	上海	11月	赵六	1500	0.1	150	0.1	150	300
46	上海	11月	钱七	1600	0.1	160	0.1	160	320
47	上海	11月	孙八	1700	0.1	170	0.1	170	340
48	上海	11月	周九	1800	0.1	180	0.1	180	360
49	上海	11月	武十	1900	0.1	190	0.1	190	380
50	江苏	1月	张三	1200	0.1	120	0.1	120	240
51	江苏	1月	李四	1300	0.1	130	0.1	130	260
52	江苏	1月	王五	1400	0.1	140	0.1	140	280
53	江苏	2月	张三	1200	0.1	120	0.1	120	240
54	江苏	2月	李四	1300	0.1	130	0.1	130	260
55	江苏	2月	王五	1400	0.1	140	0.1	140	280
56	江苏	3月	张三	1200	0.1	120	0.1	120	240
57	江苏	3月	李四	1300	0.1	130	0.1	130	260
58	江苏	3月	王五	1400	0.1	140	0.1	140	280
59	江苏	3月	赵六	1500	0.1	150	0.1	150	300
60	江苏	3月	钱七	1600	0.1	160	0.1	160	320
61	江苏	4月	张三	1200	0.1	120	0.1	120	240
62	江苏	4月	李四	1300	0.1	130	0.1	130	260
63	江苏	4月	王五	1400	0.1	140	0.1	140	280

图 7-41　合并后的数据（部分）

7.7　合并网页数据

在“异空间”中，可以合并的不只有工作簿和工作表，有一些网页上的数据也可以合并。如图 7-42 所示，这是一个上证指数数据的网页，每一页所显示的是一个季度的数据。尽管该网站提供数据下载功能，但它的数据是每个工作日都会更新的，每一次更新后就需要重新下载，很麻烦。而使用“异空间”建立一个查询，就可以方便地同步获取网站的最新数据。

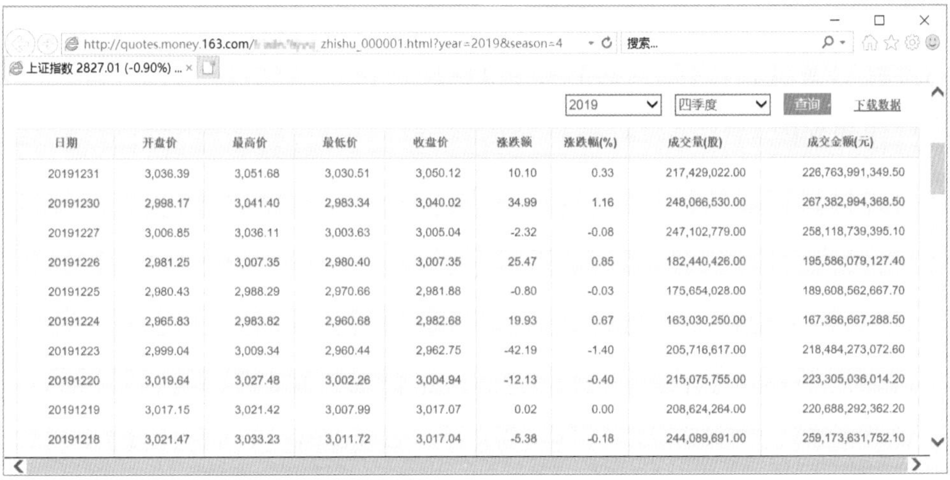

日期	开盘价	最高价	最低价	收盘价	涨跌额	涨跌幅(%)	成交量(股)	成交金额(元)
20191231	3,036.39	3,051.68	3,030.51	3,050.12	10.10	0.33	217,429,022.00	226,763,991,349.50
20191230	2,998.17	3,041.40	2,983.34	3,040.02	34.99	1.16	248,066,530.00	267,382,994,368.50
20191227	3,006.85	3,036.11	3,003.63	3,005.04	-2.32	-0.08	247,102,779.00	258,118,739,395.10
20191226	2,981.25	3,007.35	2,980.40	3,007.35	25.47	0.85	182,440,426.00	195,586,079,127.40
20191225	2,980.43	2,988.29	2,970.66	2,981.88	-0.80	-0.03	175,654,028.00	189,608,562,667.70
20191224	2,965.83	2,983.82	2,960.68	2,982.68	19.93	0.67	163,030,250.00	167,366,667,288.50
20191223	2,999.04	3,009.34	2,960.44	2,962.75	-42.19	-1.40	205,716,617.00	218,484,273,072.60
20191220	3,019.64	3,027.48	3,002.26	3,004.94	-12.13	-0.40	215,075,755.00	223,305,036,014.20
20191219	3,017.15	3,021.42	3,007.99	3,017.07	0.02	0.00	208,624,264.00	220,688,292,362.20
20191218	3,021.47	3,033.23	3,011.72	3,017.04	-5.38	-0.18	244,089,691.00	259,173,631,752.10

图 7-42　上证指数网页截图（部分）

首先需要将网页上的数据动态地显示在一个工作表里。先新建一个工作簿，单击【数据】选项卡下的【自网站】按钮，在弹出的【从 Web】对话框里输入网址，单击【确定】按钮。然后会弹出【导航器】窗口，可以看到里面有多个表，但这么多表中只有其中的"Table 1"才是包含了明细数据的表，所以只需要选取"Table 1"，然后单击【加载】按钮，网页上的数据就会跳过进入"异空间"的步骤，直接以"超级表"的形式出现在工作表里，如图 7-43 所示。

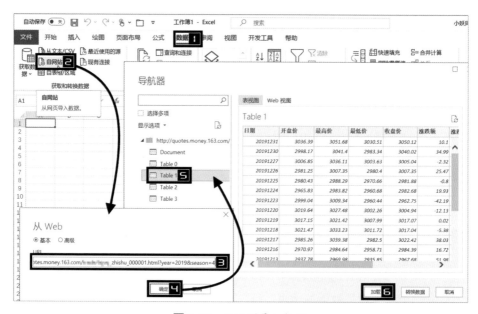

图 7-43 从网页导入数据

要点提示：从网页导入数据到 Power Query

- Excel 界面→【数据】→【自网站】→输入 URL→【确定】→选取数据表→【加载】或【转换数据】
- Excel 界面→【数据】→【获取数据】→【自其他源】→【自网站】→输入 URL→【确定】→选取数据表→【加载】或【转换数据】
- 【Power Query 编辑器】→【主页】→【新建源】→【其他源】→【Web】→输入 URL→【确定】→选取数据表→【确定】

这样一来，当网页数据有更新的时候，只要单击【刷新】按钮就可以随时更新了，甚至还可以如图 7-44 那样设置自动刷新：在 Excel 界面，单击【数据】选项卡下的【全部刷新】下拉按钮，在下拉选项中选择【连接属性…】选项，在弹出的【查询属性】对话框中，勾选【刷新频率】和【打开文件时刷新数据】复选框，并设置合适的刷新频率，默认是 60 分钟。单击【确定】按钮以后，在保持这个工作簿打开的状态下，其所提取的网页数据每 60 分钟就会自动刷新一次，并且在每一次关闭后重新打开此工作簿的时候，也会自动刷新。

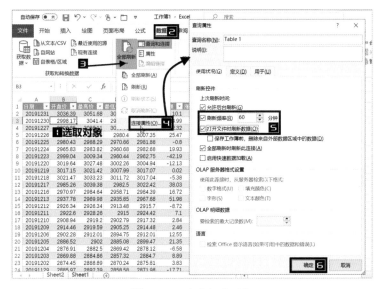

图 7-44 设置自动刷新

> **要点提示：修改查询属性**
>
> - Excel 界面→选取查询表→【数据】→【全部刷新】→【连接属性】→修改设置→【确定】
> - Excel 界面→选取查询表→【数据】→【属性】→【查询属性】→修改设置→【确定】
> - Excel 界面→选取查询表→【表设计】→【刷新】→【连接属性】→修改设置→【确定】
> - Excel 界面→选取查询表→【表设计】→【属性】→【查询属性】→修改设置→【确定】
> - Excel 界面→选取查询表→【查询】→【属性】→修改设置→【确定】

遗憾的是，目标网页只有一个季度的数据，如果想在网页上查看其他季度的数据，除了使用网站本身提供的查询功能以外，就只有通过修改网址来实现了。网址最后的"2019&season=4"表示这是 2019 年第 4 季度的数据，如果将其中的"2019"改成"2020"，再将最后一个数字"4"改成"1"，刷新网页后就会显示 2020 年第 1 季度的数据，如图 7-45 所示。

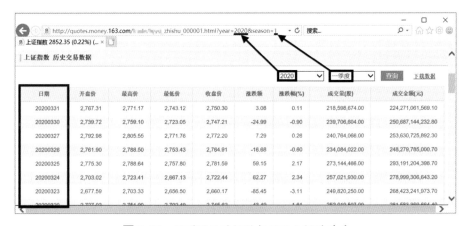

图 7-45 网页显示时间段与网址之间的关系

因为不同的网址对应不同时期的数据，所以要在"异空间"里查看不同时期的数据，就需要修改数据源。在Excel界面选择【数据】选项卡下【获取数据】下拉选项里的【数据源设置】选项，或者进入"异空间"以后单击【主页】选项卡下的【数据源设置】按钮，在弹出的【数据源设置】对话框里选取需要修改的数据源，再单击【更改源】按钮才能对其进行修改。如图7-46所示，将网页地址的最后部分修改成"2020&season=1"，单击【确定】按钮后再单击【关闭】按钮。完成操作后还要对数据执行一次【刷新】，查询表中才会显示2020年第1季度的数据。

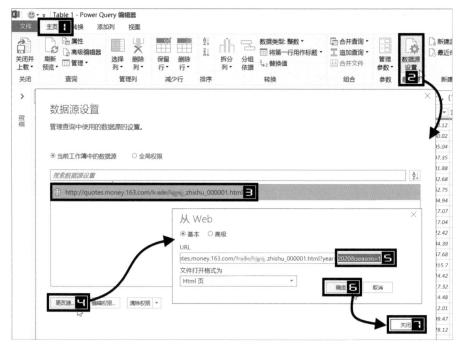

图 7-46　修改查询表的数据源

要点提示: 更改数据源

- 【Power Query编辑器】→【主页】→【数据源设置】→选取数据源→【更改源】→修改数据源→【确定】→【关闭】
- Excel界面→【数据】→【获取数据】→【数据源设置】→选取数据源→【更改源】→修改数据源→【确定】→【关闭】

很明显，这样的修改方法相当麻烦，而且每次只能查看其中一个季度的数据。如果可以将几个季度的数据合并到一个查询表中，并且能简化修改数据源的过程，查看起来就方便很多了。这就需要对网页数据进行合并。

不过在合并之前，有一些准备步骤需要做好。首先需要在Excel当前工作簿的Sheet 1里，如图7-47所示输入一列数据，标题可以命名为"网址分页"，其中的内容就是网址中显示时间的部分。

假如需要将 2019 年全年的数据合并到一个查询表里，表中分别是 "2019&season=1" "2019&season=2" "2019&season=3" "2019&season=4"。将这列数据通过【自表格/区域】的方式送入 "异空间" 以后，再展开 "异空间" 中的【导航】窗格，就可以看到里面有两个查询表：一个是 "Table 1"，也就是直接从网页上抓取的 2019 年第 4 季度的数据；另一个是刚刚送入 "异空间" 的 "表 2"。

图 7-47　创建 "网址分页" 数据并导入 "异空间"

接下来要做的就是把这两个查询表有效地合并起来，生成一个包括 2019 年全年数据的查询表。这就需要用到自定义函数。创建这个自定义函数的任务就落到了 "Table 1" 头上。选取查询表 "Table 1"，进入【高级编辑器】，将以下两处的 M 代码进行修改，如图 7-48 所示。

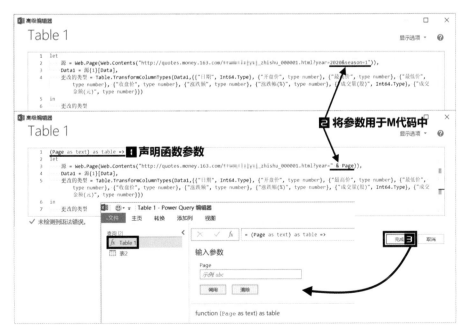

图 7-48　修改 M 代码

第一处：在"let"前添加一行代码：

```
(Page as text) as table = >
```

这一行代码是对函数中某个参数的声明，其中"Page"就是自定义的参数，"as text"和"as table"都是固定结构，用于"告诉异空间"，眼下有个叫"Page"的家伙，它是一个文本，而多个"Page"形成一个表格。

第二处：修改"源"步骤后面 M 代码中的网页地址，将其中固定的"2020&season=1"改成自定义的"Page"。需要注意的是，"Page"不能像普通文本一样放在一对引号内，而是要移到引号外面，并用一个连接符"&"与前面的内容连接。

单击【完成】按钮，原来的查询表就变成自定义函数了。不过这个自定义函数的名称仍叫"Table 1"肯定不合适，改成"网页数据"更合适一些。其操作和为查询表改名的操作完全一致。另外一个查询表的表名"表 2"，最好也改成"上证指数"。

接下来要做的就是调用这个自定义函数。选取查询表"上证指数"，单击【添加列】选项卡下的【调用自定义函数】按钮，在弹出的【调用自定义函数】对话框里选择"网页数据"这个自定义函数作为【功能查询】，再选择"网址分页"列作为【Page】的具体内容，此时【新列名】会自动变成"网页数据"，如图 7-49 所示。

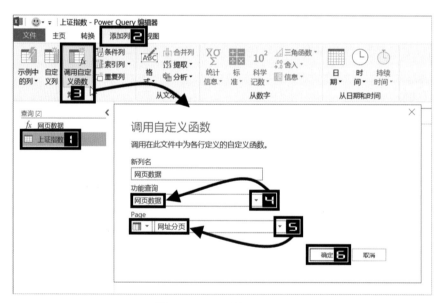

图 7-49 调用自定义函数

要点提示：调用自定义函数

● 【Power Query 编辑器】→【添加列】→【调用自定义函数】→选取自定义函数→选取参数→【确定】

只不过，单击【确定】按钮以后并没有出现让人愉快的结果，而是一个错误提示框。这其实是数据隐私问题，单击【继续】按钮，在【隐私级别】对话框里勾选【忽略此文件的隐私级别检查……】复选框，再单击【保存】按钮，数据就可以正常展现了，如图 7-50 所示。

图 7-50 忽略此文件的隐私级别检查

接下来的【展开】步骤已属于老生常谈，此处不再赘述。

最后，可以将"网址分页"列删除，再单击【关闭并上载】按钮，2019 年全年的数据就全部都在"上证指数"这个查询表里了，如图 7-51 所示。

图 7-51 合并网页后的数据

上述操作除了将多个网页数据合并以外，还有一个功能，就是在Sheet1的"网址分页"列里再添加内容，比如加上了"2020&season=1"，回到Sheet3里，一个【全部刷新】操作，就可以将2020年第1季度的数据也添加进去，如图7-52所示。

图7-52 增加新季度后刷新的数据

通过以上操作，不仅能将多个网页里的数据合并，还能将修改数据源的操作简化成仅在单元格里输入几个字符。

第 8 章

各种综合

Power Query强大的功能无疑给数据处理带来了极大的便利，尤其是当它和Excel的其他功能协同应用时，使得处理数据的效率更上一层楼。

本章主要展示几个Power Query和Excel其他功能综合运用的实例。

8.1 顺利计算带文本的数据

示例文件：08-示例1.xlsx。

8.1.1 计算文本型数字

数据源：Sheet1中的"超级表"命名为"表1"，包含"品名"和"数量"两列，"数量"列里的数据为文本型数字（某些系统导出的数据均为文本型数字）。

目标：在不改变数据源的前提下，对"数量"列的数据进行求和，使结果不受文本型数据影响而正确计算。图8-1所示为数据源及直接使用SUM函数计算出的结果。

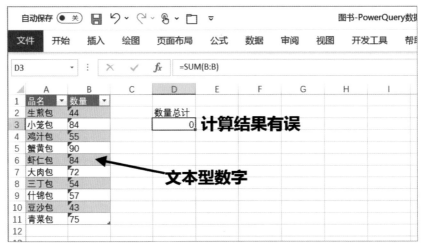

图8-1 文本型数字不被求和计算

解决方案：由自动步骤"更改的类型"自行解决。

第1步 选取数据源表中数据区域的任意一个单元格，在【数据】选项卡下以【自表格/区域】的方式进入"异空间"。自动步骤"更改的类型"将文本型数字直接改成了与这一列中其他数据一致的整数型，如图8-2所示。

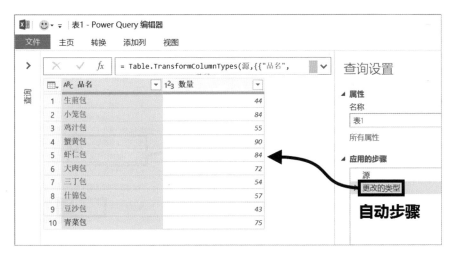

图 8-2　自动步骤"更改的类型"将数据类型由文本改成整数

第 2 步　选取"数量"列，单击【转换】选项卡下的【统计信息】下拉按钮，选择下拉选项中的【求和】，得出"数量"列的总计。

第 3 步　单击【数值工具转换】选项卡下的【到表】按钮，将其转换成查询表。

第 4 步　将标题名由"Column1"修改为"数量总计"。

上述操作步骤如图 8-3 所示。

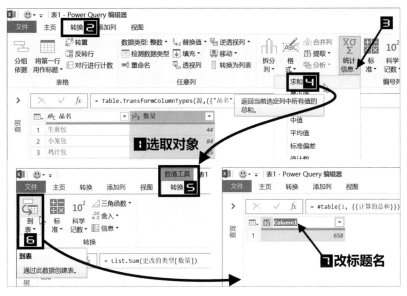

图 8-3　在"异空间"中完成对"数量"列的求和

第 5 步　单击【主页】选项卡下的【关闭并上载】下拉按钮，在下拉选项中选择【关闭并上载至…】，在【导入数据】对话框中设置将数据以【表】的形式放置在【现有工作表】的D2 单元格里，单击【确定】按钮完成操作，如图 8-4 所示。

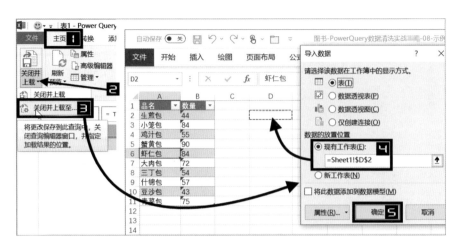

图 8-4　上载到现有工作表中的指定位置

最终效果 数据源表中的"数量"列新增任意类型的数字后，可一键刷新"数量总计"结果。如图 8-5 所示，在第 12 行添加数据，单击【数据】选项卡下的【全部刷新】按钮，D3 单元格里的数量总计就由原来的"658"变成了"757"。

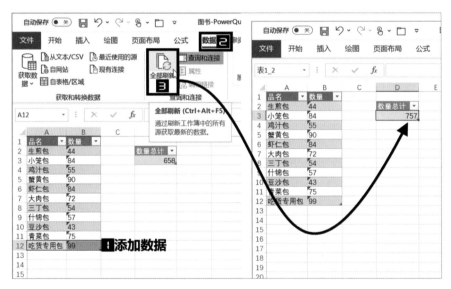

图 8-5　最终的联动效果

8.1.2　忽略纯文本的计算

数据源：Sheet 2 中的"超级表"命名为"表 2"，包含"品名""数量"和"单价"3 列，B7 单元格里是纯文本"未知"，C3 单元格里是纯文本"不明"。

目标：在不改变数据源的前提下，由"数量"列乘"单价"列获得"金额"列，结果不受文本型数据影响而正确计算。图 8-6 所示为数据源直接进行乘法运算得出的结果，以及对 D 列进行求和的结果。

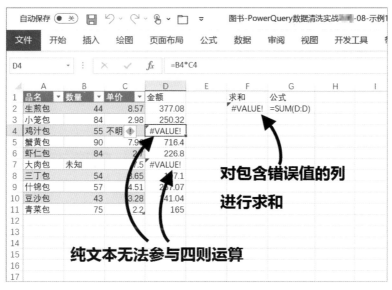

图 8-6 文本参与四则运算的结果

解决方案：利用【替换错误】等功能解决。

第 1 步 选取数据源表中数据区域的任意一个单元格，以【自表格/区域】的方式进入"异空间"。

第 2 步 分别对"数量"列和"单价"列的【数据类型】进行修改，改成与之相匹配的【整数】类型和【货币】类型（亦可将这两列都改成【小数】类型）。修改以后，原来内容是"未知"和"不明"的文本内容单元格，会因为数据类型不匹配而变成错误值"Error"，如图 8-7 所示。

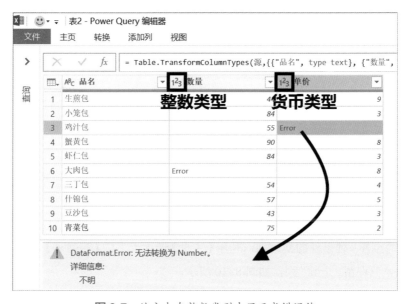

图 8-7 纯文本在整数类型中显示成错误值

第3步 选取"数量"和"单价"两列，单击【转换】选项卡下的【替换值】下拉按钮，选择其中的
【替换错误】，在弹出的【替换错误】对话框里将【值】填写为"0"，然后单击【确定】按钮
关闭对话框，如图 8-8 所示。

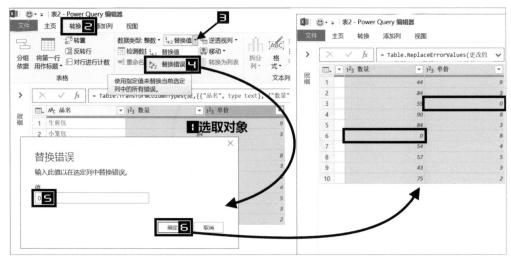

图 8-8 将错误值替换为 0

第4步 选取"数量"和"单价"两列，单击【添加列】选项卡下的【标准】下拉按钮，在下拉选项中
选择【乘】，再将新添加的列名由"乘法"改为"金额"，如图 8-9 所示。

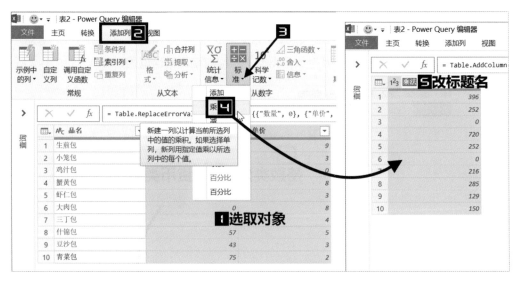

图 8-9 计算两列相乘

第5步 选取除"金额"列以外的其他列，利用【主页】选项卡下的【删除列】功能，将选取的列全
部删除，只保留"金额"列，如图 8-10 所示。

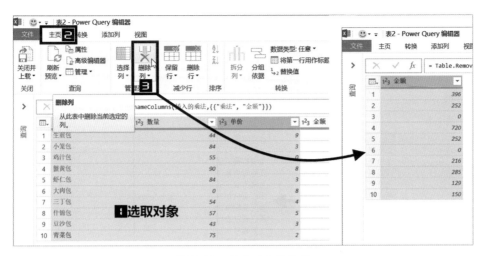

图 8-10 删除不需要的列

第 6 步 单击【主页】选项卡下的【关闭并上载】下拉按钮，在下拉选项中选择【关闭并上载至…】，在弹出的对话框里设置数据放置位置，将数据放置在现有工作表的D1单元格，如图 8-11 所示。

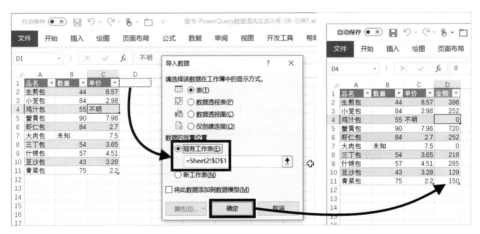

图 8-11 上载到现有工作表中的指定位置

最终效果 "金额"列为"数量"列与"单价"列相乘的结果，不会因为出现文本而得出错误值，且数据源表中的内容有增、删、改时，可一键刷新，不需要再重复操作。

8.2 合并字符串

示例文件：08-示例 2.xlsx。

8.2.1 横向合并

数据源：Sheet 1 中的"超级表"命名为"表 1"，包含"省级"与"市级"两列数据。

目标：在不改变数据源和不添加辅助列的前提下，将两列合并成一列，如图8-12所示。

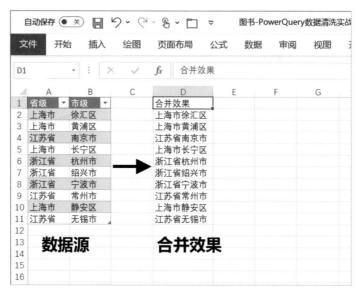

图 8-12 数据源与横向合并效果

解决方案：利用【合并列】等功能解决。

第1步 选取数据源表中数据区域的任意一个单元格，以【自表格/区域】的方式进入"异空间"。

第2步 依次选取"省级"列和"市级"列后，单击【转换】选项卡下的【合并列】按钮，在【合并列】对话框中将【新列名】修改为"合并省市"后单击【确定】按钮，如图8-13所示。

图 8-13 将两列合并成一列

第3步 单击【主页】选项卡下的【关闭并上载】下拉按钮，选择下拉选项中的【关闭并上载至…】，在【导入数据】对话框中设置将查询表放置在现有工作表的C1单元格。

最终效果 结果如图 8-14 所示，且数据源表中的内容有增、删、改时，可一键刷新。

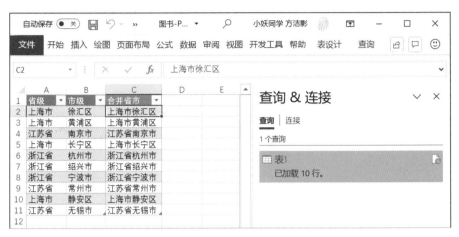

图 8-14 横向合并的最终效果

8.2.2 整列合并

数据源：Sheet 1 中的"超级表"命名为"表 1"，包含"省级"与"市级"两列数据。

目标：在不改变数据源和不添加辅助列的前提下，将"市级"列里的所有内容合并到一个单元格中，以顿号分隔，如图 8-15 所示。

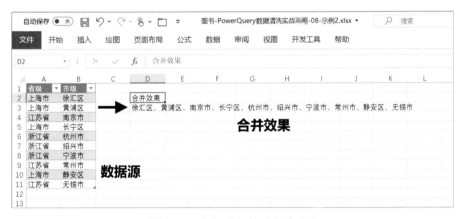

图 8-15 数据源与整列合并效果

解决方案：添加自定义步骤，利用 M 函数"Text.Combine"实现。

第 1 步 选取数据源表中数据区域的任意一个单元格，以【自表格/区域】的方式进入"异空间"。

第 2 步 右击"更改的类型"步骤，在快捷菜单中选择【插入步骤后】选项，添加"自定义 1"步骤。

第 3 步 右击"自定义 1"步骤，在快捷菜单中选择【重命名】选项，将其改名为"合并市级列"。

上述操作步骤如图 8-16 所示。

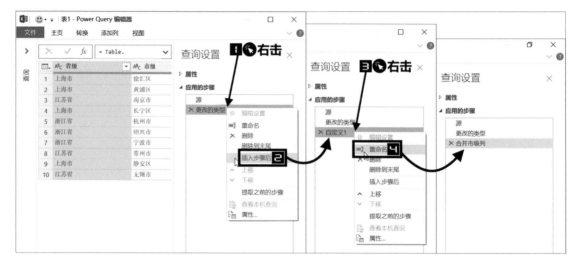

图 8-16 为写入 M 公式准备好新步骤

第 4 步 将编辑栏的公式改写如下：

```
= Text.Combine( 更改的类型 [ 市级 ],"、")
```

第 5 步 单击【文本工具转换】选项卡下的【到表】按钮，将其转换成查询表。

第 6 步 标题名由"Column1"修改为"所有市"。

上述操作步骤如图 8-17 所示。

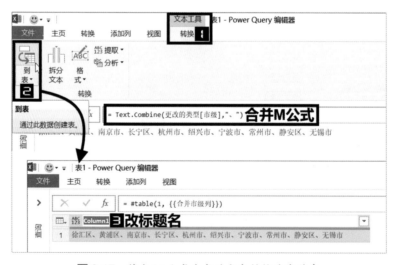

图 8-17 将由 M 公式生成的文本转换为查询表

第 7 步 单击【主页】选项卡下的【关闭并上载】按钮，返回 Excel 界面。

最终效果 结果如图 8-18 所示，且数据源表中的内容有增、删、改时，可一键刷新。

图 8-18 整列合并的最终效果

8.2.3 去除重复后整列合并

数据源：Sheet1 中的"超级表"命名为"表1"，包含"省级"与"市级"两列数据。

目标：在不改变数据源和不添加辅助列的前提下，将"省级"列里的所有内容去除重复后合并到一个单元格中，以顿号分隔，如图 8-19 所示。

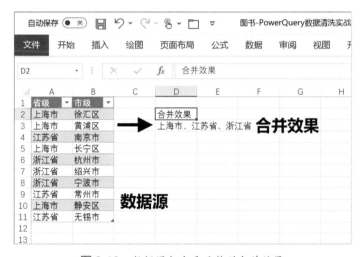

图 8-19 数据源与去重后整列合并效果

解决方案：利用【删除重复项】和 M 函数等功能实现。

第 1 步 选取数据源表中数据区域的任意一个单元格，以【自表格/区域】的方式进入"异空间"。

第 2 步 选取"省级"列，单击【主页】选项卡下的【删除行】下拉按钮，在下拉选项中选择【删除重复项】，如图 8-20 所示。

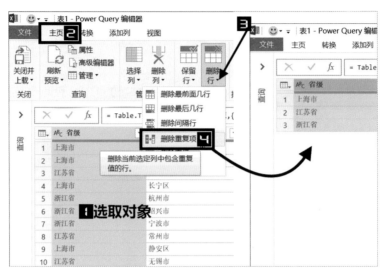

图 8-20 将"省级"列中的重复数据删除

第 3 步 右击"删除的副本"步骤，在快捷菜单中选择【插入步骤后】选项，添加"自定义 1"步骤。

第 4 步 右击"自定义 1"步骤，在快捷菜单中选择【重命名】选项，将其改名为"合并不重复省级列"。

第 5 步 将编辑栏的公式改写如下：

```
= Text.Combine( 删除的副本 [ 省级 ],"、")
```

第 6 步 单击【文本工具转换】选项卡下的【到表】按钮，将其转换成查询表。

第 7 步 标题名由"Column1"修改为"所有省"。

第 8 步 单击【主页】选项卡下的【关闭并上载】按钮。

　最终效果 结果如图 8-21 所示，且数据源表中的内容有增、删、改时，可一键刷新。

图 8-21 去除重复后整列合并的最终效果

8.2.4 带条件的合并

数据源：Sheet 1 中的"超级表"命名为"表 1"，包含"省级"与"市级"两列数据。

目标：在不改变数据源和不添加辅助列的前提下，"市级"列按各自所属的"省级"进行合并，合并到一个单元格里的市级以顿号分隔，如图 8-22 所示。

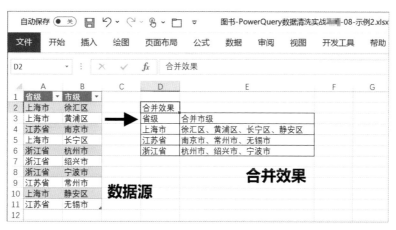

图 8-22 数据源与带条件合并的效果

解决方案：利用【分组依据】等功能实现。

第 1 步 选取数据源表中数据区域的任意一个单元格，以【自表格/区域】的方式进入"异空间"。

第 2 步 单击【主页】选项卡下的【分组依据】按钮，在弹出的【分组依据】对话框里按"省级"分组，新列名设置为"合并市级"，需要合并的【柱】（列）是"市级"。其中最重要的【操作】，因为没有与合并相关的内容，只好先由"求和"暂代，如图 8-23 所示。

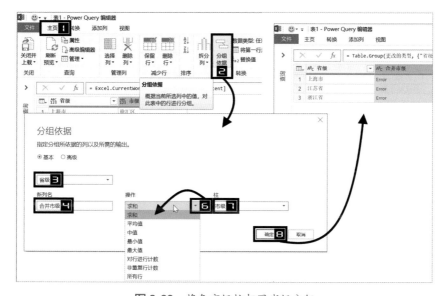

图 8-23 将各市级按相同省级分组

第 3 步 修改 M 公式,将其中的"List.Sum([市级])"部分改成"Text.Combine([市级], "、")",如图 8-24 所示。

完整的 M 公式如下:

```
= Table.Group( 更改的类型 , {" 省级 "}, {{" 合并市级 ", each Text.Combine([ 市级 ], "、"),
type text}})
```

图 8-24　修改 M 公式完成合并

第 4 步 单击【主页】选项卡下的【关闭并上载】按钮完成操作。

最终效果 结果如图 8-25 所示,且数据源表中的内容有增、删、改时,可一键刷新。

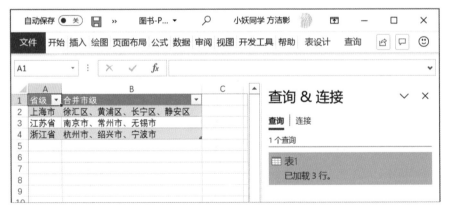

图 8-25　带条件合并的最终效果

8.2.5　不规则结构的合并

数据源:Sheet 2 的表中包含"省级"与"市级"的数据,其中"省级"列包含合并单元格,"市级"按 6 列、不定行数排列,如图 8-26 所示。

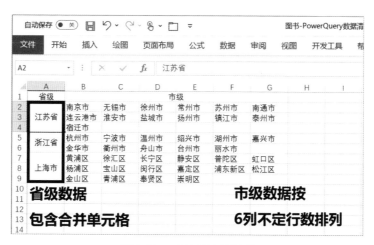

图 8-26 不规范的数据源

目标：在不改变数据源和不添加辅助列的前提下，"市级"列按各自所属的"省级"进行合并，合并到一个单元格里的市级以顿号分隔。

解决方案：利用【逆透视列】等功能实现。

第 1 步 选取数据源表中数据区域的任意一个非合并的单元格（如 B2），以【自表格/区域】的方式导入"异空间"。

第 2 步 选取第一列后单击【转换】选项卡下的【填充】下拉按钮，并从下拉选项中选择【向下】，如图 8-27 所示。

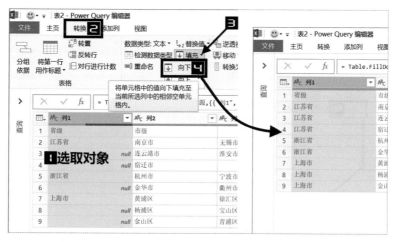

图 8-27 将空单元格填成最近的上面一个单元格的内容

第 3 步 选取第一列，单击【转换】选项卡下的【逆透视列】下拉按钮，在下拉选项中选择【逆透视其他列】，如图 8-28 所示。

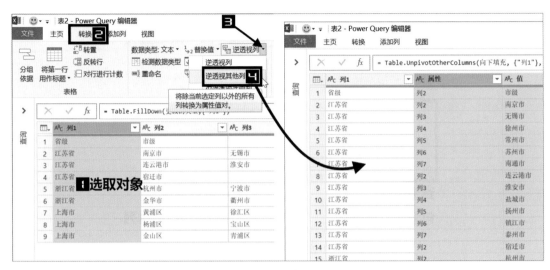

图 8-28 转换表格结构

第 4 步 选取"属性"列，单击【主页】选项卡下的【删除列】按钮。

第 5 步 单击【转换】选项卡下的【将第一行用作标题】按钮。

上述操作步骤如图 8-29 所示。

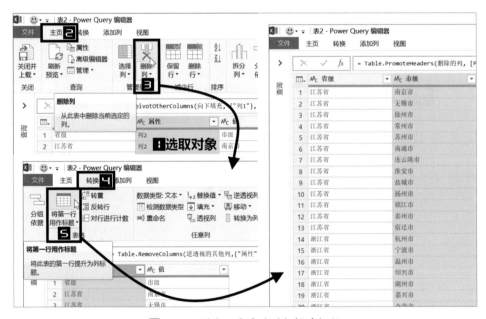

图 8-29 删除不需要的列与提升标题

第 6 步 单击【主页】选项卡下的【分组依据】按钮，在弹出的【分组依据】对话框里，按"省级"分组，将【新列名】设置为"合并市级"，操作仍是用"求和"暂代，需要合并的【柱】（列）是"市级"。

第 7 步 修改 M 公式。

```
= Table.Group( 更改的类型 1, {" 省级 "}, {{" 合并市级 ", each Text.Combine([ 市级 ],"、"),
type text}})
```

第 8 步　单击【主页】选项卡下的【关闭并上载】按钮完成操作。

最终效果　结果如图 8-30 所示，且数据源表中的内容有增、删、改时，可一键刷新。

图 8-30　合并到一个单元格后的效果

8.3　拆分与扩展

示例文件：08-示例 3.xlsx。

8.3.1　拆分合并单元格并转换为二维表

数据源：Sheet 1 表中包含"品名"与"明细"两列数据，"品名"列里包含合并单元格，"明细"列分"原产地""类别"和"美味等级"，纵向排列。

目标：在不改变数据源和不添加辅助列的前提下，将表格结构转换为二维表，效果如图 8-31 所示。

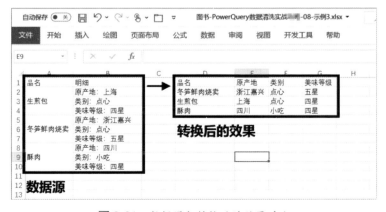

图 8-31　数据源与转换后的效果对比

解决方案：利用【填充】【拆分列】【透视列】等功能实现。

第1步 选取数据源表中数据区域的任意一个非合并的单元格（如B2），以【自表格/区域】的方式导入"异空间"。

第2步 选取"品名"列后单击【转换】选项卡下的【填充】下拉按钮，并从下拉选项中选择【向下】，如图8-32所示。

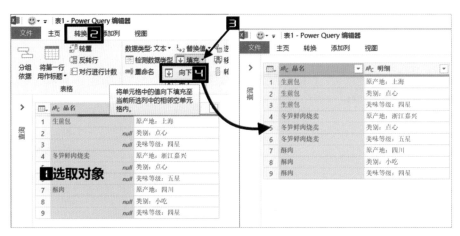

图 8-32 将空单元格填充为最近的上面一个单元格的内容

第3步 选取"明细"列，单击【转换】选项卡下的【拆分列】下拉按钮，选择对该列【按分隔符】全角冒号进行拆分，具体操作步骤如图8-33所示。

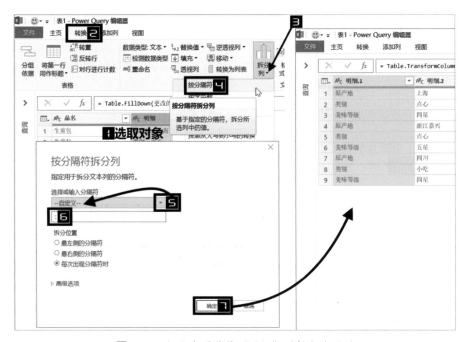

图 8-33 按全角冒号将"明细"列拆分为两列

第 4 步 选取"明细.1"列后，单击【转换】选项卡下的【透视列】按钮，在弹出的【透视列】对话框中以"明细.2"作为【值列】，并点开折叠的【高级选项】，将【聚合值函数】设置为【不要聚合】，单击【确定】按钮，如图 8-34 所示。

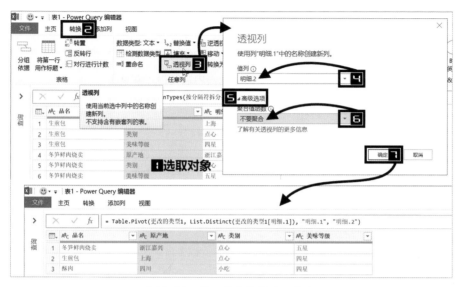

图 8-34 将一维表转换为二维表

第 5 步 单击【主页】选项卡下的【关闭并上载】按钮完成操作。

最终效果 结果如图 8-35 所示，数据被分为"品名""原产地""类别"和"美味等级"4 列，且数据源表中的内容有增、删、改时，可一键刷新。

图 8-35 拆分合并单元格并转换为二维表的效果

8.3.2 拆分单元格中强制换行的内容

数据源：Sheet 2 中的"超级表"命名为"表 2"，包含"品名"与"明细"两列数据，"明细"列分"原产地""类别"和"美味等级"，纵向排列，同一品名的明细数据在一个单元格内强制换行。

目标：在不改变数据源和不添加辅助列的前提下，将表格结构转换为二维表，效果如图8-36所示。

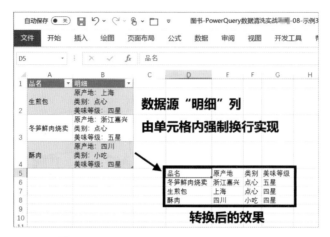

图 8-36 "变异"数据源与转换后的效果

解决方案：利用【拆分列】等功能实现。

第1步 选取数据源表中数据区域的任意一个单元格，以【自表格/区域】的方式进入"异空间"。

第2步 选取"明细"列，单击【转换】选项卡下的【拆分列】下拉按钮，选择下拉选项中的【按分隔符】，在【按分隔符拆分列】对话框中展开【高级选项】后，设置数据【拆分为】"行"，勾选【使用特殊字符进行拆分】复选框，设置【插入特殊字符】为"换行"，单击【确定】按钮，如图8-37所示。

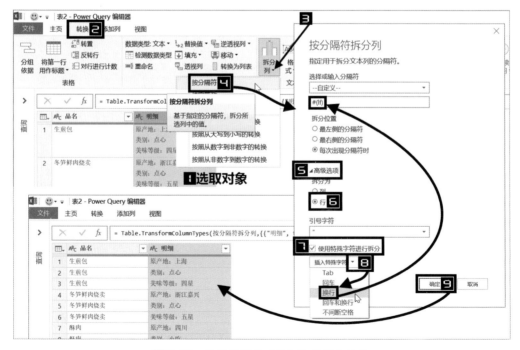

图 8-37 按换行符将"明细"列拆分为行

第 3 步 再次用【按分隔符】全角冒号对"明细"列进行【拆分列】操作。

第 4 步 选取"明细.1"列后，单击【转换】选项卡下的【透视列】按钮，在【透视列】对话框中以"明细.2"作为【值列】，并点开折叠的【高级选项】，将【聚合值函数】设置为【不要聚合】，单击【确定】按钮关闭对话框。

第 5 步 单击【主页】选项卡下的【关闭并上载】按钮完成操作。

最终效果 数据被分为"品名""原产地""类别"和"美味等级"4 列，且数据源表中的内容有增、删、改时，可一键刷新。

8.3.3 拆分单元格中以数字分隔的内容

数据源：Sheet 3 中的"超级表"命名为"表 3"，包含"品名"与"明细"两列数据，"明细"列分"原产地""类别"和"美味等级"，横向排列，同一品名的明细数据在一个单元格内以数字分隔。

目标：在不改变数据源和不添加辅助列的前提下，将表格结构转换为二维表，如图 8-38 所示。

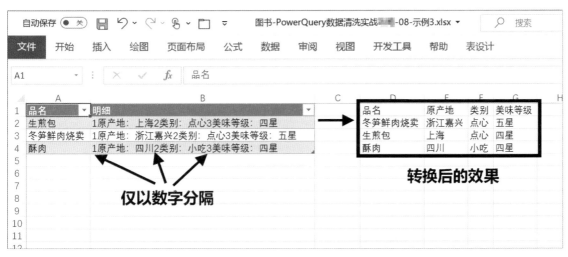

图 8-38 再次"变异"的数据源与转换后的效果

解决方案：利用【拆分列】和 M 公式等功能实现。

第 1 步 选取数据源表中数据区域的任意一个单元格，以【自表格/区域】的方式进入"异空间"。

第 2 步 选取"明细"列，单击【转换】选项卡下的【拆分列】下拉按钮，选择下拉选项中的【按照从非数字到数字的转换】，如图 8-39 所示。

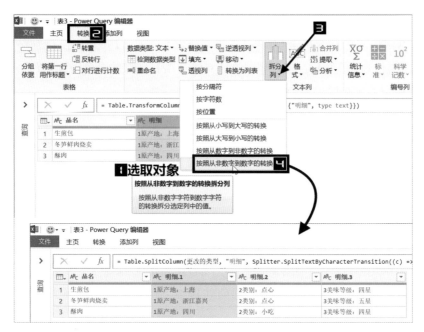

图 8-39　将"明细"列按数字位置拆分成 3 列

第 3 步　选取"品名"列，单击【转换】选项卡下的【逆透视列】下拉按钮，选择下拉选项中的【逆透视其他列】，将被拆分出来的"明细.1""明细.2"和"明细.3"3 列转换成 1 列，如图 8-40 所示。

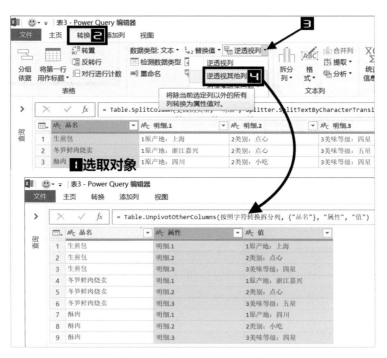

图 8-40　将多列转换为 1 列

第 4 步　选取"属性"列，单击【主页】选项卡下的【删除列】按钮删除"属性"列。

第5步 选取"值"列，单击【转换】选项卡下的【提取】下拉按钮，选择【范围】选项，在【提取文本范围】对话框中，设置【起始索引】为"1"，【字符数】为"99"，单击【确定】按钮，如图8-41所示。

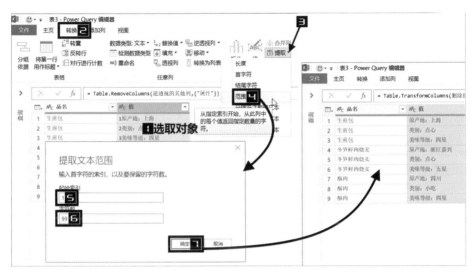

图 8-41 通过提取文本范围去除一列中的数字

如果"值"列中的数字不止1位，则需要借助M公式实现。单击【添加列】选项卡下的【自定义列】按钮，在【自定义列】对话框中输入新列名，写入如下M公式，单击【确定】按钮，如图8-42所示，并在完成操作后删除"值"列。

```
=Text.Remove([值],{"0".."9"})
```

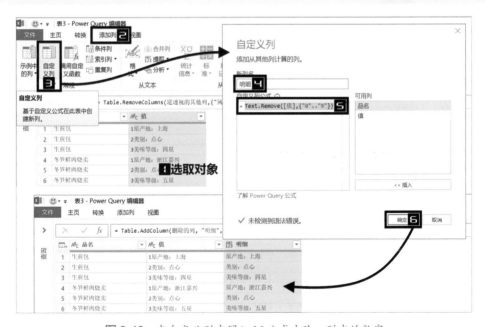

图 8-42 在自定义列中写入M公式去除一列中的数字

除了去除数字以外，利用M公式还可以去除其他内容，如下所示：

去除汉字：=Text.Remove([列名],{" 一 ".." 龟 "})

去除所有小写字母：=Text.Remove([列名],{"a".."z"})

去除所有大写字母：=Text.Remove([列名],{"A".."Z"})

去除所有字母：=Text.Remove([列名],{"A".."z"})

第6步 将去除了数字的列标题名改为"明细"。

第7步 使用【按分隔符】全角冒号对"明细"列进行【拆分列】操作。

第8步 选取"明细.1"列后，单击【转换】选项卡下的【透视列】按钮，以"明细.2"作为【值列】，并点开折叠的【高级选项】，将【聚合值函数】设置为【不要聚合】。

第9步 单击【主页】选项卡下的【关闭并上载】按钮完成操作。

【最终效果】数据被分为"品名""原产地""类别"和"美味等级"4列，且数据源表中的内容有增、删、改时，可一键刷新。

8.3.4 金额分列

数据源：Sheet 4 中的"超级表"命名为"表4"，包含"金额"列。

目标：在不改变数据源和不添加辅助列的前提下将金额列拆分成B:G列的效果（假设金额小于1000元），如图 8-43 所示。

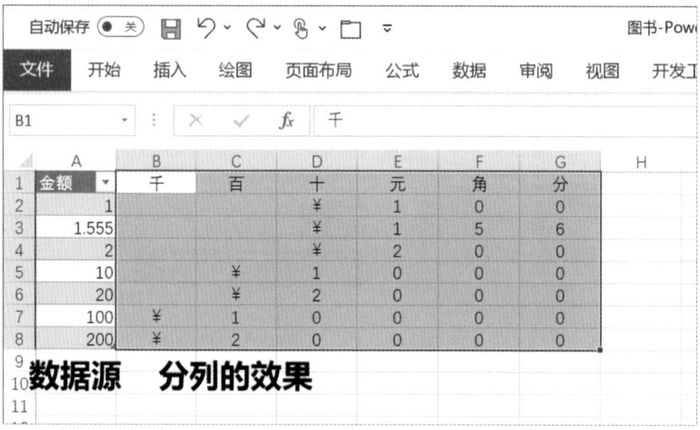

图 8-43 数据源与金额分列后的效果

解决方案：利用【乘法】【添加前缀】【提取结尾字符】【拆分列】等功能实现。

第1步 选取数据源表中数据区域的任意一个单元格，以【自表格/区域】的方式进入"异空间"。

第2步 选取"金额"列，单击【转换】选项卡下的【标准】下拉按钮，在下拉选项中选择【乘】，并在弹出的【乘】对话框中输入数字"100"，然后单击【确定】按钮，如图 8-44 所示。

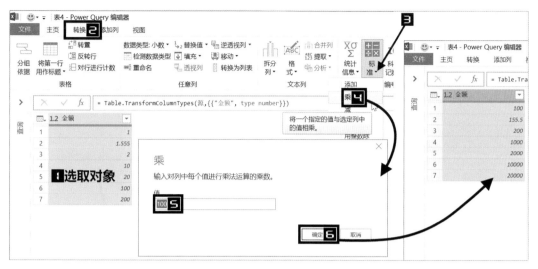

图 8-44 将金额乘以 100

第 3 步 将"金额"列的【数据类型】改成【整数】，如图 8-45 所示。

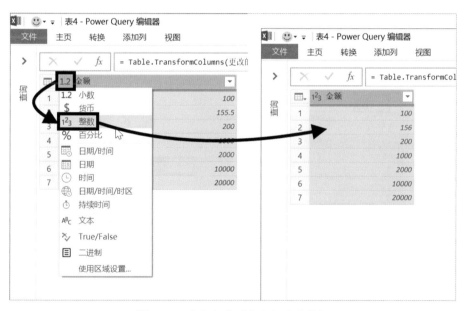

图 8-45 将数据类型由小数改为整数

第 4 步 选取"金额"列，单击【转换】选项卡下的【格式】下拉按钮，选择下拉选项中的【添加前缀】，并在弹出的【前缀】对话框里输入"xx ￥"，然后单击【确定】按钮，如图 8-46 所示。此处的"x"相当于占位符，目的是给较小的数字增加长度，以便后续操作，因为这里的金额小于千元，所以用两个"x"就够了，现实中可以根据实际情况使用相应数量的"x"。

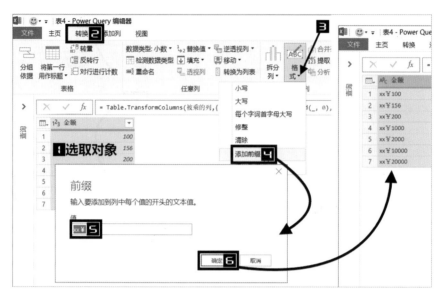

图 8-46　在每个金额前添加"xx ￥"

第5步　选取"金额"列，单击【转换】选项卡下的【提取】下拉按钮，选择下拉选项中的【结尾字符】，并在弹出的【提取结尾字符】对话框里输入"6"，然后单击【确定】按钮，如图 8-47 所示。

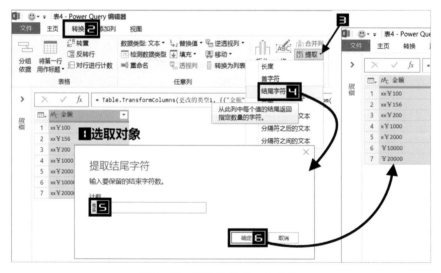

图 8-47　提取结尾的 6 个字符

第6步　选取"金额"列，单击【主页】选项卡下的【拆分列】下拉按钮，选择下拉选项中的【按字符数】，并在弹出的【按字符数拆分列】对话框里输入数字 1，然后单击【确定】按钮，如图 8-48 所示。

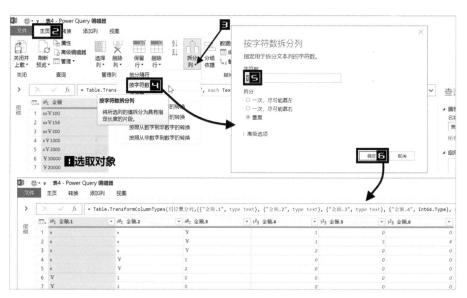

图 8-48　按每个字符进行分列

第7步　选取所有列，单击【转换】选项卡下的【替换值】按钮，在弹出的【替换值】对话框中输入【要查找的值】为"x"，然后单击【确定】按钮即可，【替换为】的内容不需要填写，如图 8-49 所示。

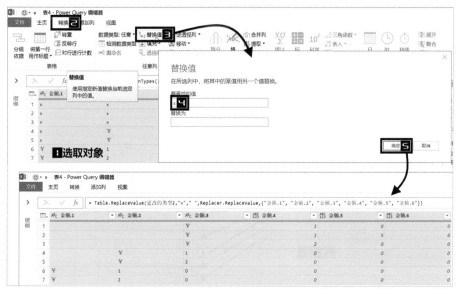

图 8-49　将"x"替换为空

第8步　将标题名从左至右依次改为"千""百""十""元""角""分"。

第9步　将所有列的【数据类型】都改成【文本】。

第10步　单击【主页】选项卡下的【关闭并上载】下拉按钮，选择其中的【关闭并上载至…】选项，在【导入数据】对话框中将【数据的放置位置】调整到"现有工作表"的 B1 单元格，然后单击【确定】按钮，如图 8-50 所示。

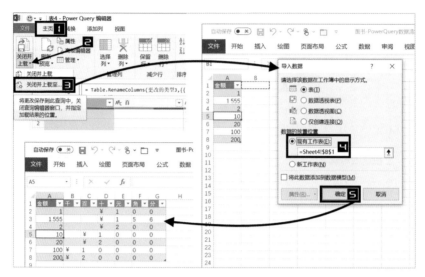

图 8-50 上载查询表数据至指定位置

最终效果 金额列里的每一个值被分到B:G列中对应的标题下，原金额单位小于"分"的自动四舍五入至"分"，且数据源表中的内容有增、删、改时，可一键刷新。

8.3.5 按数据拆分多行

数据源：Sheet5 中的"超级表"命名为"表5"，包含"品名""订购次数"和"金额"3 列。

目标：在不改变数据源和不添加辅助列的前提下，按"订购次数"列里的具体数量将表依据"品名"列拆分成多行，并计算平均每次订购的单价，如图 8-51 所示。

图 8-51 数据源与拆分行后的效果

解决方案：利用【自定义列】和M公式等功能实现。

第1步 选取数据源表中数据区域的任意一个单元格，以【自表格/区域】的方式进入"异空间"。

第2步 依次选取"金额"列与"订购次数"列（必须以此顺序），单击【添加列】选项卡下的【标准】下拉按钮，选择下拉选项中的【除】。

第 3 步 修改标题名，将"除"改为"单价"。

上述操作步骤如图 8-52 所示。

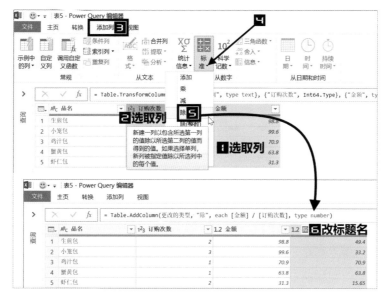

图 8-52 用除法计算单价

第 4 步 单击【添加列】选项卡下的【自定义列】按钮，在【自定义列】对话框中添加如下 M 公式后单击【确定】按钮，如图 8-53 所示。

```
= {1..[ 订购次数 ]}
```

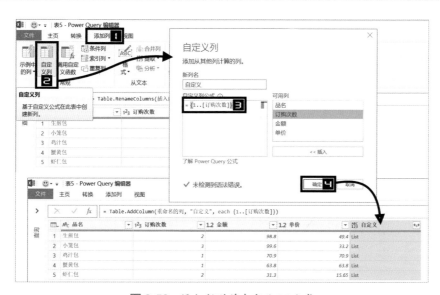

图 8-53 添加新列并自定义 M 公式

第 5 步 单击"自定义"列右端的【展开】按钮，选择【扩展到新行】选项。

第6步 修改标题名，将"自定义"改为"订购计次"。

上述操作步骤如图 8-54 所示。

图 8-54 扩展"自定义"列中的 List

第7步 删除"订购次数"列和"金额"列。

第8步 将"订购计次"列移动至"品名"列和"单价"列之间。

第9步 单击【主页】选项卡下的【关闭并上载】按钮完成操作。

最终效果 每一品名按照订购次数分行排列，且数据源表中的内容有增、删、改时，可一键刷新。

8.3.6 展开所有工资+补贴

数据源：Sheet6 中的两个"超级表"分别命名为"表 6"和"表 7"，"表 6"中包含"职位"和"基本工资"两列，"表 7"中包含"职级"和"职级补贴"两列。

目标：在不改变数据源和不添加辅助列的前提下，将每一个职位和其对应职级的基本工资加职级补贴全部列出，如图 8-55 所示。

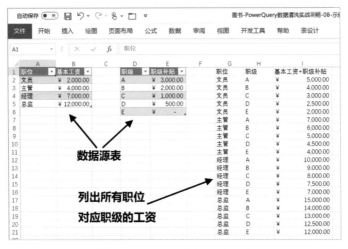

图 8-55 数据源表与扩展效果

解决方案：利用【合并查询】等功能实现。

第 1 步 依次选择【数据】→【获取数据】→【来自文件】→【从工作簿】选项，定位目标示例文件后，单击【导入】按钮。

第 2 步 在【导航器】对话框中勾选【选择多项】复选框，选择"表 6"和"表 7"，单击【转换数据】按钮后进入"异空间"，从【导航】窗格中可以看到有两个查询表被导入，如图 8-56 所示。

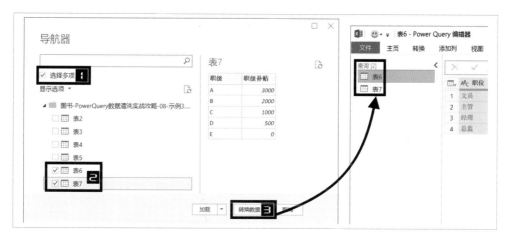

图 8-56 同时导入两个"超级表"到"异空间"

第 3 步 选取"表 6"，单击【添加列】选项卡下的【自定义列】按钮，在【自定义列】对话框中输入如下 M 公式，如图 8-57 所示。

`=1`

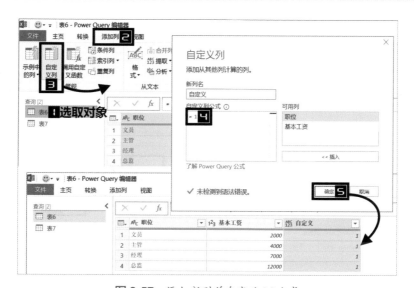

图 8-57 添加新列并自定义 M 公式

第 4 步 选取"表 7"，重复第 3 步操作。

第 5 步 选取"表 6",单击【主页】选项卡下的【合并查询】下拉按钮,在下拉选项中选择【将查询合并为新查询】,在【合并】对话框中选择"表 7",依次用鼠标单击两个表的"自定义"列后单击【确定】按钮,如图 8-58 所示。

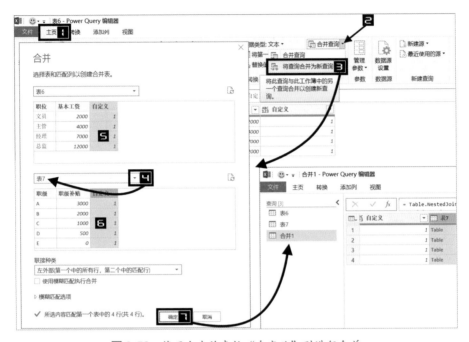

图 8-58 将两个查询表按"自定义"列进行合并

第 6 步 单击"合并 1"查询表中"表 7"列右端的【展开】按钮,取消勾选【自定义】和【使用原始列名作为前缀】复选框后单击【确定】按钮,如图 8-59 所示。

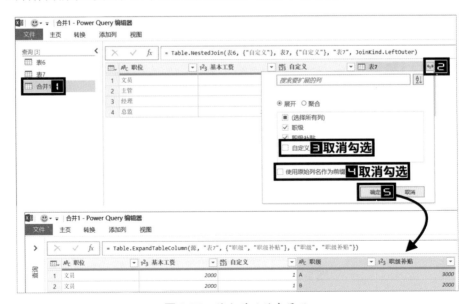

图 8-59 将合并后的表展开

第7步 选取"基本工资"列和"职级补贴"列，单击【添加列】选项卡下的【标准】下拉按钮，选择下拉选项中的【添加】，如图 8-60 所示。

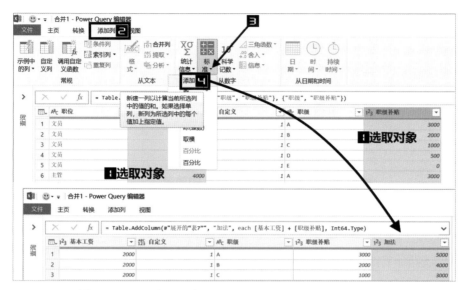

图 8-60 将"基本工资"列与"职级补贴"列中的数字相加

第8步 删除"基本工资""自定义"和"职级补贴"三列。

第9步 修改标题名，将"加法"改为"基本工资＋职级补贴"。

第10步 单击【主页】选项卡下的【关闭并上载】按钮完成操作。

第11步 删除由"表6"和"表7"所生成的查询表的对应工作表（非必需步骤）。

[最终效果] 每一品名按照订购次数分行排列，且数据源表中的内容有增、删、改时，可一键刷新。

8.4 其他扩展

示例文件：08-示例 4.xlsx。

8.4.1 分层排序

数据源：Sheet 1 中的"超级表"命名为"表1"，包含"省级""市级"和"数量"3 列，"数量"列未排序。

目标：在不改变数据源和不添加辅助列的前提下，"数量"列在各省级范围内升序或降序排列，如图 8-61 所示。

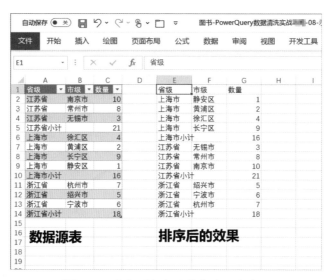

图 8-61 数据源与分层排序的效果对比

解决方案：利用【升序排序】或【降序排序】等功能实现。

第 1 步 选取数据源表中数据区域的任意一个单元格，以【自表格/区域】的方式进入"异空间"。

第 2 步 选取"省级"列，单击【主页】选项卡下的【升序排序】按钮。

第 3 步 选取"数量"列，单击【主页】选项卡下的【升序排序】按钮。

上述操作步骤如图 8-62 所示。

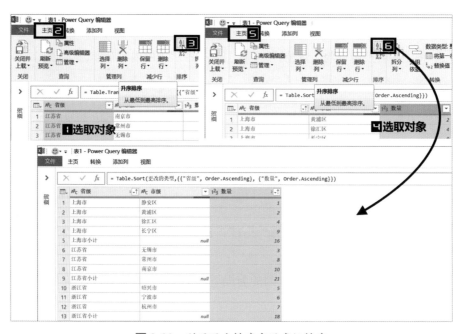

图 8-62 利用两次排序实现多级排序

第 4 步 单击【主页】选项卡下的【关闭并上载】按钮完成操作。

最终效果→结果如图 8-63 所示，且数据源表中的内容有增、删、改时，可一键刷新。

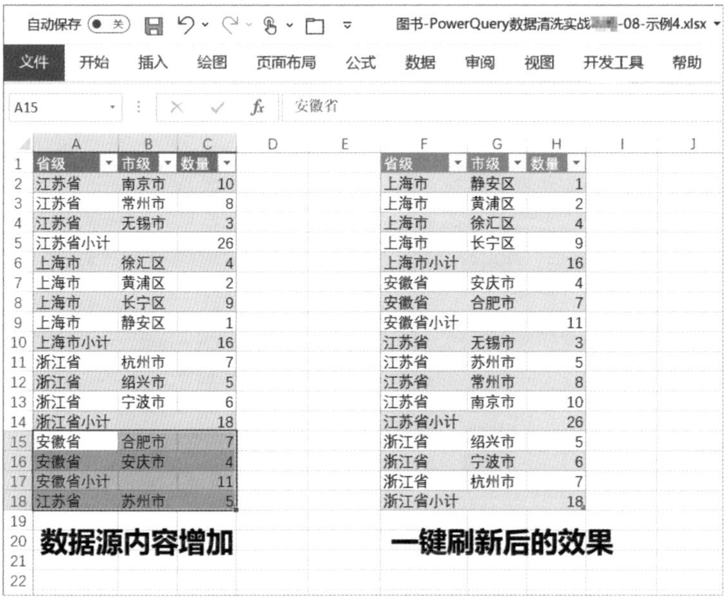

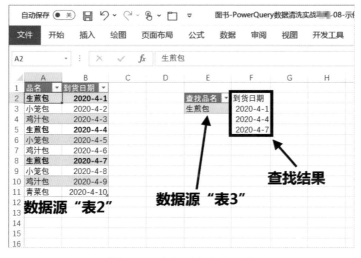

图 8-63 分层排序的联动效果

8.4.2 一对多查找

数据源：Sheet 2 中的"超级表"分别命名为"表 2"和"表 3"，其中"表 2"包含"品名"和"到货日期"两列，"品名"列中有重复项；"表 3"仅包含"查找品名"列，显示需要查找的产品。

目标：在不改变数据源和不添加辅助列的前提下，根据"表 3"中的"查找品名"匹配得到对应的"到货日期"，如图 8-64 所示。

图 8-64 数据源与查找效果

解决方案：利用【筛选】等功能实现。

第1步 通过【获取数据】→【从工作簿】的方式将"表2"和"表3"导入"异空间"。

第2步 对"表2"中的"品名"列进行筛选，筛选出类别为"生煎包"的数据。

第3步 将筛选操作的M公式中的"生煎包"修改为"表3{0}[查找品名]"。公式中"表3"表示查询表名；"{0}"表示查询表中数据的第1行；"[查找品名]"表示查询表中的"查找品名"列。修改后的公式如下：

```
= Table.SelectRows( 更改的类型 , each ([ 品名 ] = 表 3{0}[ 查找品名 ]))
```

上述操作步骤如图8-65所示。

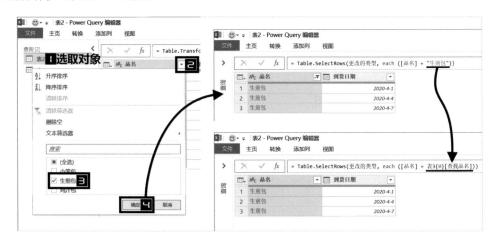

图 8-65 筛选并修改 M 公式

第4步 选取"表2"查询表的"品名"列，单击【主页】选项卡下的【删除列】按钮将"品名"列删除。

第5步 单击【主页】选项卡下的【关闭并上载】下拉按钮，在下拉选项中选择【关闭并上载至…】，在【导入数据】对话框中选择显示方式为【仅创建连接】，单击【确定】按钮，如图8-66所示。

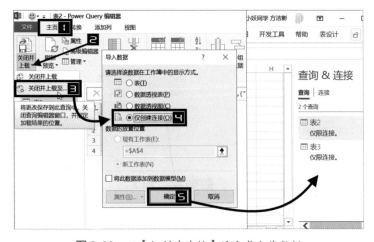

图 8-66 以【仅创建连接】的方式上载数据

第 6 步 右击【查询＆连接】窗格的"表 2"调出快捷菜单，从中选择【加载到…】选项，在弹出的【导入数据】对话框里重新选择显示方式为【表】，并将放置位置指定为【现有工作表】的 F2 单元格，然后单击【确定】按钮，如图 8-67 所示。

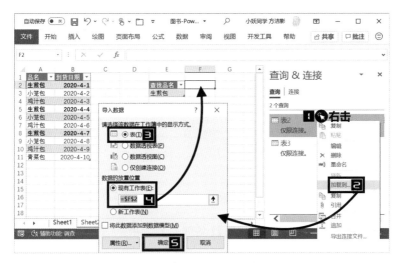

图 8-67 修改"表 2"的显示方式和放置位置

最终效果 结果如图 8-68 所示，数据源发生变化并保存工作簿后，可一键刷新。

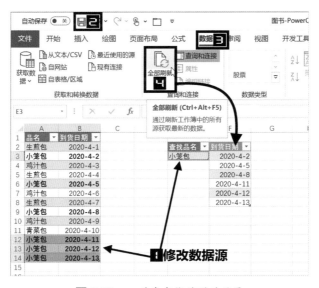

图 8-68 一对多查找的联动效果

8.4.3 查找两表差异

数据源：Sheet3 中的"超级表"分别命名为"表 4"和"表 5"，均包含"品名"和"到货日期"两列，两表数据有差异。

目标：在不改变数据源和不添加辅助列的前提下，将两表有差异的数据列出，如图8-69所示。

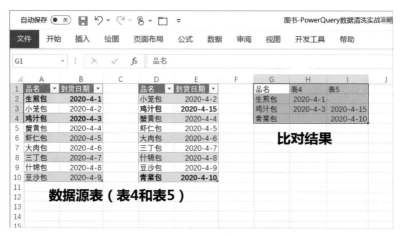

图 8-69 数据源表与比对结果

解决方案：利用【合并查询】【示例中的列】【条件列】等功能实现。

第1步 通过【获取数据】→【从工作簿】的方式将"表4"和"表5"导入"异空间"。

第2步 选取"表4"，单击【主页】选项卡下的【合并查询】下拉按钮，从下拉选项中选择【将查询合并为新查询】。在弹出的【合并】对话框里选择合并表"表5"，依次单击"表4"和"表5"的"品名"列，连接种类选择【完全外部（两者中的所有行）】后，单击【确定】按钮，如图8-70所示。

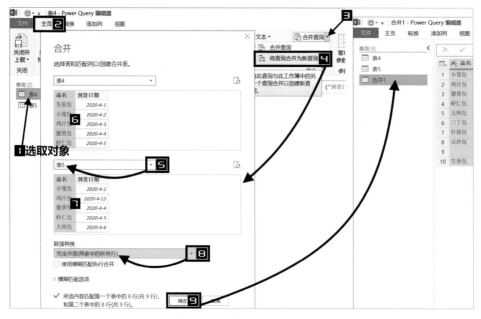

图 8-70 将两个查询表按"类别"列进行合并

第3步 单击"表5"列右端的【展开】按钮，再单击【确定】按钮，如图8-71所示。

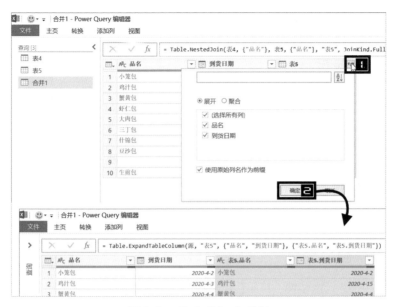

图8-71 展开"表5"数据

第4步 单击【添加列】选项卡下的【示例中的列】按钮，创建一个将原"表4"和"表5"中"品名"列合并的新列。至少输入三个单元格的内容，分别是"表4"中唯一出现的、"表5"中唯一出现的和两个表都存在的内容，如图8-72所示。

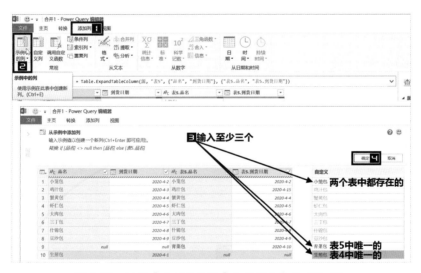

图8-72 利用【示例中的列】合并两个表的"品名"

如果数据量比较大，肉眼难以判断，可将此步骤换成单击【添加列】选项卡下的【条件列】按钮，在弹出的【添加条件列】对话框中做以下设置：【列名】选取"品名"列，【运算符】设置为"不等于"，【值】输入"null"，【输出】使用【选择列】，并选取"品名"列，【ELSE】旁的对话框里使用【选择列】，并选取"表5.品名"列，最后单击【确定】按钮完成操作，如图8-73所示。

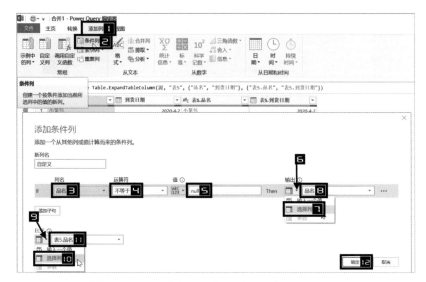

图8-73 利用【条件列】合并两个表的"品名"

第5步 删除"品名"列和"表5.品名"列。

第6步 修改标题名，将"到货日期"改为"表4"；将"表5.到货日期"改为"表5"；将"自定义"改为"品名"。

第7步 将"品名"列移到查询表的最左侧。

第8步 单击【添加列】选项卡下的【条件列】按钮，在弹出的【添加条件列】对话框中做以下设置：【列名】选取"表4"列，【运算符】设置为"等于"，【值】使用【选择列】，并选取"表5"列，【ELSE】旁的对话框里输入"不同"，最后单击【确定】按钮完成操作，如图8-74所示。

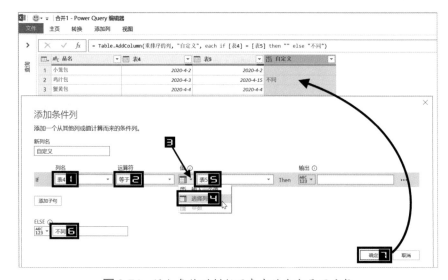

图8-74 添加条件列判断两表中的内容是否重复

第 9 步 筛选"自定义"列,保留"不同"。

第 10 步 删除"自定义"列。

第 11 步 单击【主页】选项卡下的【关闭并上载】按钮完成操作。

第 12 步 删除由"表 4"和"表 5"所生成的查询表的对应工作表(非必需步骤)。

最终效果 结果如图 8-75 所示,数据源发生变化并保存工作簿后,可一键刷新。

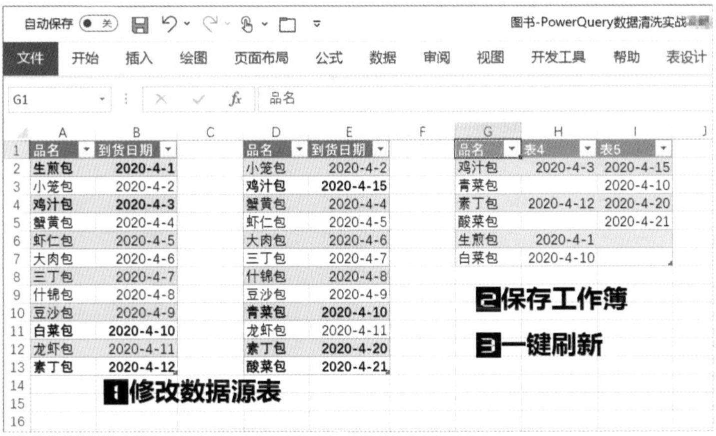

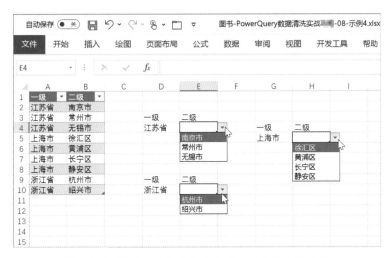

图 8-75 两表比对联动效果

8.4.4 二级下拉选项

数据源:Sheet 4 中的"超级表"命名为"表 6",包含"一级"和"二级"两列。

目标:在不改变数据源和不添加辅助列的前提下,设置两个级别的数据验证,实现第二级数据验证选项根据第一级中的内容自动变化,如图 8-76 所示。

图 8-76 根据一级内容动态显示二级数据验证选项

解决方案：利用【删除重复项】【筛选】【数据验证】等功能实现。

第1步 选取数据源表中数据区域的任意一个单元格，以【自表格/区域】的方式进入"异空间"。

第2步 展开【导航】窗格，右击【表6】，在快捷菜单中选择【引用】选项，如图 8-77 所示。

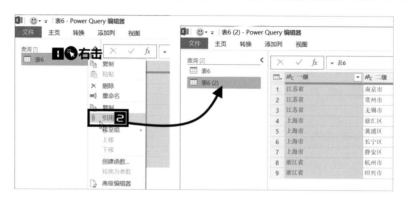

图 8-77 创建一个引用"表6"查询表的新查询表

第3步 重复第 2 步操作。

第4步 修改查询表表名，将"表6(2)"改为"一级数据源"；将"表6(3)"改为"二级数据源"。

第5步 选取"一级数据源"查询表，删除"二级"列。

第6步 选取"一级"列，单击【主页】选项卡下的【删除行】下拉按钮，选择下拉选项中的【删除重复项】，如图 8-78 所示。

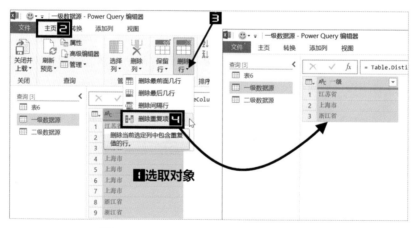

图 8-78 将"一级"列中的重复内容删除

第7步 单击【主页】选项卡下的【关闭并上载】按钮，回到 Excel 界面。

第8步 选取工作表中"一级数据"所上载的【表】中的数据，单击【公式】选项卡下的【定义名称】按钮，在【新建名称】对话框中将【名称】设置为"一级"，单击【确定】按钮，如图 8-79 所示。

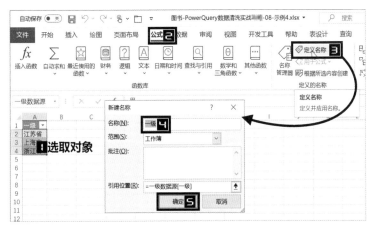

图 8-79 为表格中的内容创建名称

第 9 步　选取 Sheet 4 中"一级"标题下面的空单元格（D4），单击【数据】选项卡下的【数据验证】
　　　　按钮，在弹出的对话框里设置【允许】为"序列"，设置【来源】为"=一级"，单击【确定】
　　　　按钮，如图 8-80 所示。

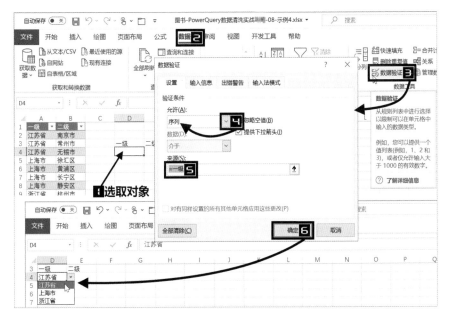

图 8-80　设置第一级下拉选项的数据验证

第 10 步　从 D4 单元格区域的下拉选项中选择【江苏省】。

第 11 步　选取 D3：D4 区域，通过【自表格/区域】的方式再次进入"异空间"，在弹出的对话框里勾
　　　　选【表包含标题】复选框。将此查询表重命名为"一级结果"。

第 12 步　选取"二级数据源"查询表，对"一级"列进行筛选，只显示"江苏省"。

第13步 修改筛选步骤的M公式,如图8-81所示,公式如下:

```
= Table.SelectRows( 源 , each ([ 一级 ] = 一级结果 {0}[ 一级 ]))
```

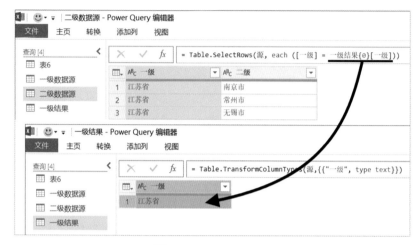

图8-81 修改M公式

第14步 删除"二级数据源"表中的"一级"列。

第15步 单击【主页】选项卡下的【关闭并上载】按钮,回到Excel界面。

第16步 选取工作表中"二级数据源"所上载的【表】,单击【公式】选项卡下的【定义名称】按钮,在【新建名称】对话框中将【名称】设置为"二级",单击【确定】按钮。

第17步 选取Sheet4中"二级"标题下面的空单元格(E4),单击【数据】选项卡下的【数据验证】按钮,在弹出的【数据验证】对话框里设置【允许】为"序列",【来源】为"=二级"。

第18步 隐藏因此操作而新生成的4个工作表(非必需步骤)。

第19步 使用快捷键【Alt+F11】进入VBA编辑器。

第20步 双击【工程资源管理器】中的"Sheet4",启动代码窗口。

第21步 将以下代码粘贴到代码窗口中:

```
Private Sub Worksheet_Change(ByVal Target As Range)
If Target.Column = 1 Or Target.Column = 2 Or Target.Address = "$D$4" Then
    ActiveWorkbook.Save
    ActiveWorkbook.RefreshAll
End If
End Sub
```

VBA编辑器中的操作如图8-82所示。

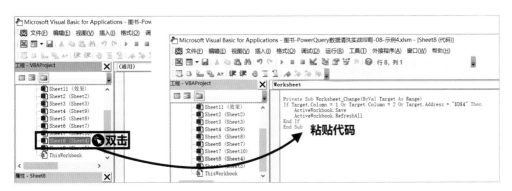

图 8-82 进入 "Sheet4" 的代码窗口并粘贴代码

第 22 步 关闭 VBA 编辑器窗口，回到 Sheet 4。

第 23 步 将工作簿另存为后缀名为 ".xlsm" 的启用宏的工作簿。

最终效果 数据源发生变化，等待查询表加载完毕后，一级和二级的选项均联动更新，如图 8-83 所示。

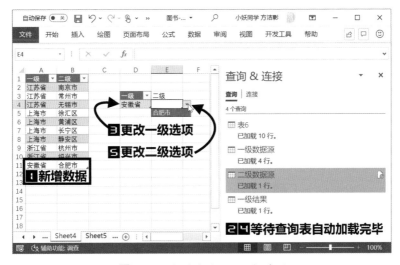

图 8-83 全联动的二级下拉选项

8.4.5 模糊查找的下拉选项

数据源：Sheet 5 中的 "超级表" 分别命名为 "表 7" 和 "表 8"，其中 "表 7" 包含 "下拉选项" 列，"表 8" 包含 "查找" 列，为模糊查找的内容。

目标：在不改变数据源和不添加辅助列的前提下，设置数据验证，实现选项内容根据 "表 8" 的查找值模糊查找，如图 8-84 所示。

图 8-84 数据源与下拉选项

解决方案：利用【筛选】【数据验证】等功能实现。

第1步 通过【获取数据】→【从工作簿】的方式将"表 7"和"表 8"导入"异空间"。

第2步 选取"表 7"，单击"下拉选项"标题右端的【筛选】按钮，选择【文本筛选器】中的【包含…】选项，在弹出的【筛选行】对话框中设置【包含】为"A"，单击【确定】按钮，如图 8-85 所示。

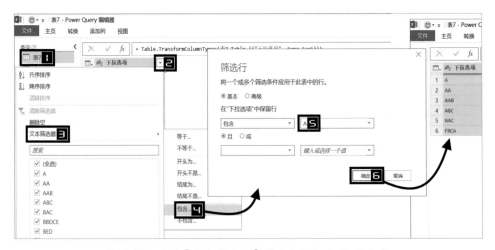

图 8-85 通过【文本筛选器】筛选出包含"A"的内容

第3步 修改筛选步骤的 M 公式如下，操作如图 8-86 所示。

```
= Table.SelectRows( 更改的类型 , each Text.Contains([ 下拉选项 ], 表8{0}[ 查找 ]))
```

图 8-86 修改 M 公式

第 4 步 单击【主页】选项卡下的【关闭并上载】按钮，返回 Excel 界面。

第 5 步 选取工作表中"表 7"所上载的【表】，单击【公式】选项卡下的【定义名称】按钮，在【新建名称】对话中将【名称】设置为"选项"，单击【确定】按钮。

第 6 步 选取 Sheet 5 中"选项"标题下面的空单元格（D4），单击【数据】选项卡下的【数据验证】按钮，在弹出的【数据验证】对话框里设置【允许】为"序列"，【来源】为"=选项"。

第 7 步 隐藏因此操作而新生成的两个工作表（非必需步骤）。

最终效果 无论数据源发生变化或重新指定查找内容（C4），还是保存文件后刷新数据，下拉选项内容都会自动更新为所有包含查找的内容（D4），如图 8-87 所示。

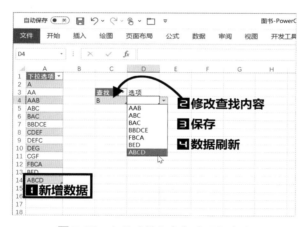

图 8-87 全联动模糊查找的下拉选项

8.4.6 动态查看指定内容

数据源：Sheet 6 中的"超级表"分别命名为"表 9"和"表 10"，其中"表 9"包含"二级部门"等共 6 列，"表 10"仅包含"二级部门"列，数据超过 1 行，其内容是"表 9"中"二级部门"列的一部分，如图 8-88 所示。

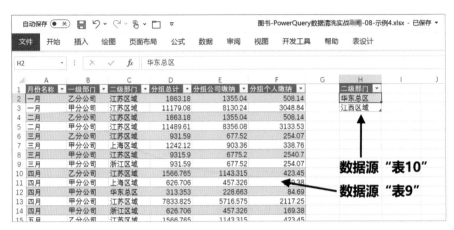

图 8-88　数据源包含的两个表

目标：在不改变数据源和不添加辅助列的前提下，让查询结果仅显示"表 10"中所列"二级部门"的明细（相当于筛选效果）。

解决方案：利用【合并查询】等功能实现。

第 1 步　通过【获取数据】→【从工作簿】的方式将"表 9"和"表 10"导入"异空间"。

第 2 步　选取"表 9"，单击【主页】选项卡下的【合并查询】按钮，在弹出的【合并】对话框里选择合并表为"表 10"，鼠标依次单击"表 9"和"表 10"的"二级部门"列，【连接种类】选择【右外部……】，单击【确定】按钮，如图 8-89 所示。

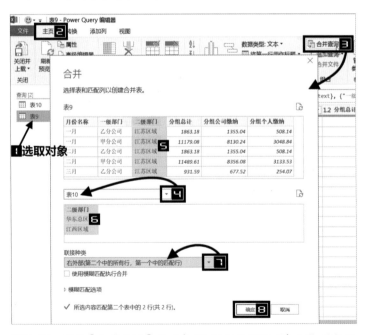

图 8-89　利用【合并查询】让"表 9"仅显示匹配"表 10"的数据

第 3 步　删除"表 10"列。

第 4 步 单击【主页】选项卡下的【关闭并上载】按钮，返回 Excel 工作表。

第 5 步 删除因上载"表 10"查询结果而生成的工作表。

最终效果 查询结果仅显示"表 10"中列出的"二级部门"的数据，且数据源发生变化并保存工作簿后，可一键刷新，如图 8-90 所示。

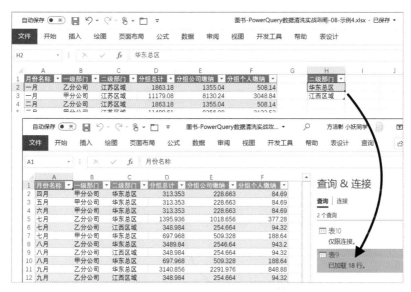

图 8-90 查询完成后的效果

8.4.7 制作工作表"目录"

数据源：示例文件中已有工作表。

目标：为示例文件添加一个目录工作表，效果如图 8-91 所示。

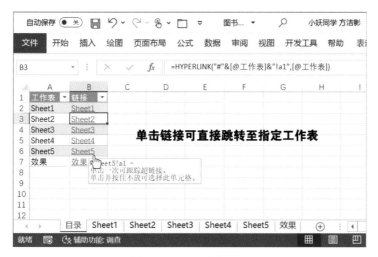

图 8-91 "目录"效果

解决方案：利用导入工作簿时自动生成的所有工作表列表功能实现。

第1步 依次选择【数据】选项卡下的【获取数据】→【来自文件】→【从工作簿】选项，在【导入数据】对话框中定位到目标示例文件后，单击【导入】按钮，在【导航器】窗格中选取文件后单击【转换数据】按钮，如图8-92所示。

图 8-92 将整个工作簿中的数据导入"异空间"

第2步 单击"Kind"列标题右端的【筛选】按钮，选择【文本筛选器】中的【等于】选项，在弹出的对话框里填上"Kind"列的保留行"Sheet"，单击【确定】按钮，如图8-93所示。

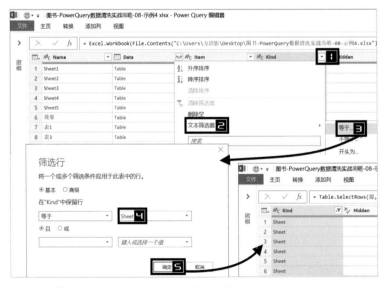

图 8-93 通过文本筛选器筛选出等于"Sheet"的内容

第 3 步 删除 "Name" 列以外的所有列。

第 4 步 修改列标题名，将 "Name" 改成 "工作表"。

第 5 步 单击【主页】选项卡下的【关闭并上载】按钮，返回 Excel 界面。

第 6 步 将由以上操作自动生成的工作表表名改为 "目录"。

第 7 步 在 B 列创建 "链接" 列，使用以下公式，如图 8-94 所示。

```
=HYPERLINK("#"&[@工作表]&"!a1",[@工作表])
```

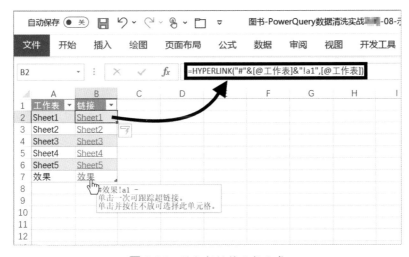

图 8-94 添加超链接函数公式

HYPERLINK 函数的第二个参数返回工作表中显示的内容，此处可以根据实际需要修改，如改成如下，则可显示每个工作表中 A1 单元格的内容。

```
=HYPERLINK("#"&[@工作表]&"!a1",INDIRECT([@工作表]&"!a1"))
```

最终效果 单击对应链接可直接跳转至指定工作表，且当工作表有增减时可以一键更新。

8.4.8 制作文件 "目录"

示例文件：所有示例文件所在的文件夹。

数据源：指定文件夹里的若干文件，如图 8-95 所示。

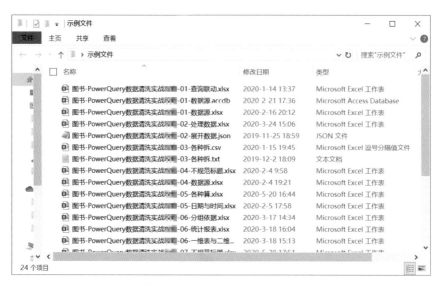

图 8-95　待生成目录的文件夹

目标：为该文件夹里的所有文件添加一个目录工作簿文件。

解决方案：利用导入文件夹时自动生成的所有文件列表功能实现。

第1步　新建一个工作簿。

第2步　依次选择【数据】选项卡下的【获取数据】→【来自文件】→【从文件夹】选项，在【文件夹】
对话框中通过【浏览】定位目标文件夹，然后单击【确定】按钮。

第3步　单击【转换数据】按钮进入"异空间"，如图 8-96 所示。

图 8-96　将整个文件夹中的所有文件列表导入"异空间"

第4步　删除"Name"以外的所有列。

第5步　为保证文件夹内的所有文件即使处于打开状态也不影响最终效果，利用文本筛选器筛选出
开头不是"~"的内容以去掉隐藏的文件。

第 6 步 修改列标题名，将"Name"改成"文件名"。

第 7 步 单击【主页】选项卡下的【关闭并上载】按钮，返回Excel界面。

第 8 步 在B列创建"链接"列，使用以下公式，如图 8-97 所示。

```
=HYPERLINK([@文件名],MID([@文件名],23,99))
```

图 8-97 添加超链接函数公式

此处 HYPERLINK 函数的第二个参数亦可直接用"[@文件名]"。

第 9 步 将该工作簿保存到示例文件夹下。

最终效果 单击对应链接可直接跳转至指定工作表，且当文件夹中有文件增减时可以一键更新。

8.4.9 跨工作簿统计

示例文件：08-示例 4-7 文件夹。

数据源：一个文件夹里有若干个工作簿，每个工作簿里有若干个工作表，每个表的结构相同，包含"日期""城市/地区""品名""类别""销量""单价"和"销售额"7 列，且表格结构规范，如图 8-98 所示。

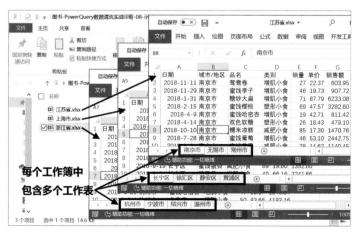

图 8-98 多簿多表的数据源

目标：在不改变数据源和不添加辅助列的前提下，对所有表格中的数据进行各种统计。

解决方案：利用M公式、【展开】【数据透视表】【数据透视图】等功能实现。

第1步 新建一个工作簿，依次选择【数据】选项卡下的【获取数据】→【来自文件】→【从文件夹】选项，在打开的【文件夹】对话框中，通过【浏览】定位目标示例文件夹，单击【确定】按钮后，再单击弹出的对话框中的【转换数据】按钮，如图8-99所示。

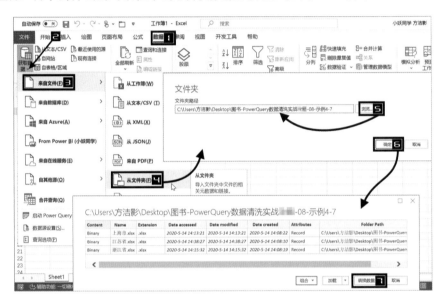

图8-99 将目标文件夹中的数据导入"异空间"

第2步 单击【添加列】选项卡下的【自定义列】按钮，在其中添加如下M公式，如图8-100所示。

```
= Excel.Workbook([Content],true)
```

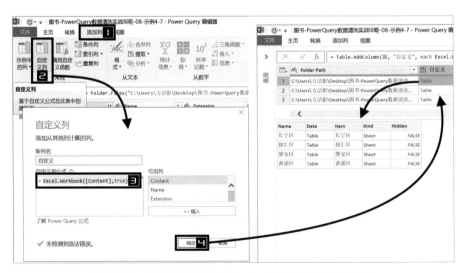

图8-100 利用M公式添加包含工作表数据的可展开列

第 3 步 单击"自定义"标题右端的【展开】按钮后，单击【确定】按钮，如图 8-101 所示。

图 8-101 展开"自定义"列

第 4 步 删除"Name"和"自定义.Data"以外的所有列。

第 5 步 单击"自定义.Data"标题右端的【展开】按钮后，取消勾选【使用原始列名作为前缀】复选框，单击【确定】按钮。

第 6 步 选取"Name"列，单击【主页】选项卡下的【替换值】按钮，在【替换值】对话框中输入【要查找的值】为".xlsx"，单击【确定】按钮，如图 8-102 所示。

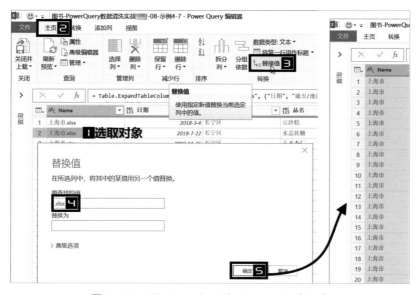

图 8-102 将"Name"列中的".xlsx"替换掉

第 7 步 将"Name"列的标题名修改为"省级"。

第 8 步 将"日期"列的【数据类型】修改为"日期"。

第9步 单击【主页】选项卡下的【关闭并上载】下拉按钮，选择【关闭并上载至…】选项，在弹出的
【导入数据】对话框中选中【数据透视图】单选按钮，然后单击【确定】按钮，如图 8-103 所示。

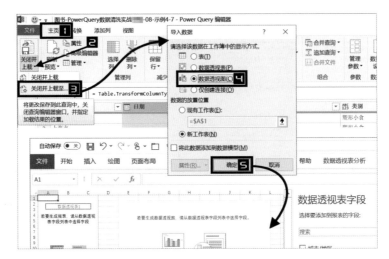

图 8-103 将查询表上载为【数据透视图】

第10步 选取数据透视表中数据区域的任意单元格，在【数据透视表字段】窗格中依次勾选【省级】
【城市/地区】【销量】和【销售额】复选框，如图 8-104 所示。

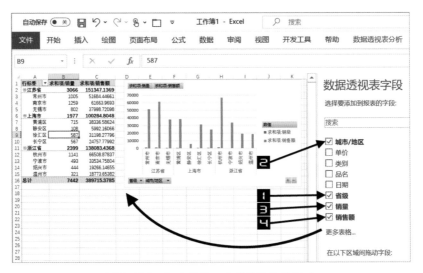

图 8-104 勾选字段，生成数据统计结果

第11步 选取数据透视表中数据区域的任意单元格，单击【数据透视表分析】选项卡下的【插入切
片器】按钮，在【插入切片器】对话框中勾选【类别】复选框，然后单击【确定】按钮，如
图 8-105 所示。

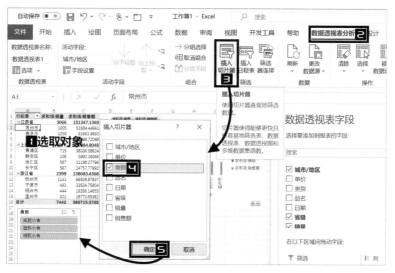

图 8-105 插入"类别"切片器

第 12 步 选取数据透视表中数据区域的任意单元格，单击【数据透视表分析】选项卡下的【插入日程表】按钮，在【插入日程表】对话框中勾选【日期】复选框，然后单击【确定】按钮，如图 8-106 所示。

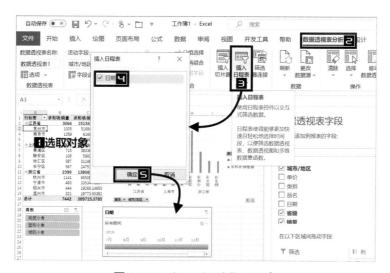

图 8-106 插入"日期"日程表

第 13 步 选取数据透视图，单击【设计】选项卡下的【更改图表类型】按钮，选择【组合图】选项，勾选【求和项:销售额】的图表类型后面的【次坐标轴】复选框，单击【确定】按钮，如图 8-107 所示。

图 8-107 设置双类型双坐标图表

第 14 步 在示例文件夹以外的本机位置保存工作簿。

最终效果 单击【切片器】中的任意类别，即可查看该类别的数据和图表，如图 8-108 所示；单击【日程表】中的任意月份，即可查看该月的数据和图表，如图 8-109 所示；调整【数据透视表字段】的布局，即可生成不同结构的汇总数据和图表，如图 8-110 所示；示例文件夹中的数据有增、删、改时可一键更新。

图 8-108 使用【切片器】的效果

图 8-109　使用【日程表】的效果

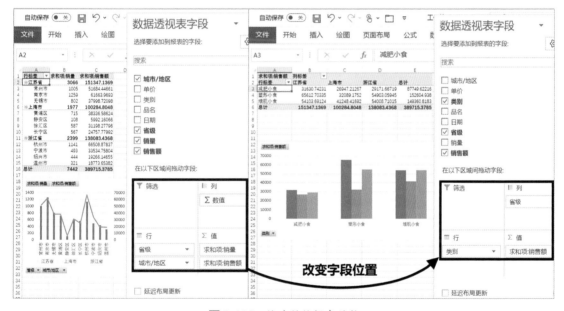

图 8-110　快速转换报表结构

8.5　设置动态数据源

示例文件：08-示例 5.xlsx。

数据源："数据源"工作表中的数据以【获取数据】→【从工作簿】的方式加载到同工作簿的"加载的查询表"工作表中，工作簿以"08-示例 5.xlsx"命名，保存在桌面。

目标：将工作簿名改成"示例5"后打开该工作簿，启用内容后，可以正常刷新数据，不会出现如图 8-111 所示的错误提示。

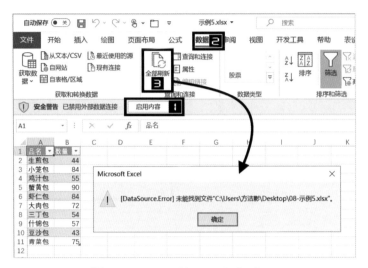

图 8-111 找不到数据源的错误提示

8.5.1 用参数控制数据源

解决方案：利用【参数】等功能实现。

第1步 选取"加载的查询表"工作表中数据区域的任意一个单元格，单击【查询】选项卡下的【编辑】按钮，如图 8-112 所示。

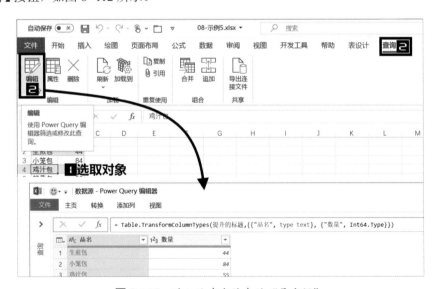

图 8-112 进入已有查询表的"异空间"

第2步 单击【主页】选项卡下的【管理参数】下拉按钮，从中选择【新建参数】选项，在弹出的【管理参数】对话框中输入新参数的【名称】为【路径与文件名】,【类型】设置成【文本】,【当前值】使用完整的示例文件所在路径与文件名，单击【确定】按钮完成参数设置，如图 8-113 所示。

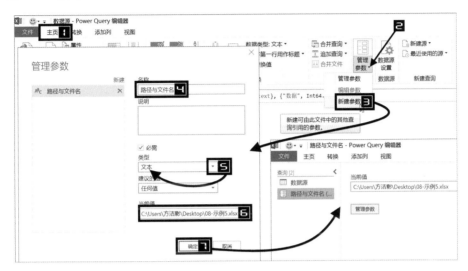

图 8-113 新建参数

第3步 单击【主页】选项卡下的【数据源设置】按钮，在弹出的【数据源设置】对话框中选取待设置的数据源后单击【更改源…】按钮，弹出【Excel】对话框，设置【文件路径】使用【路径与文件名】，然后单击【确定】按钮关闭此对话框，再单击【关闭】按钮完成操作，如图 8-114 所示。

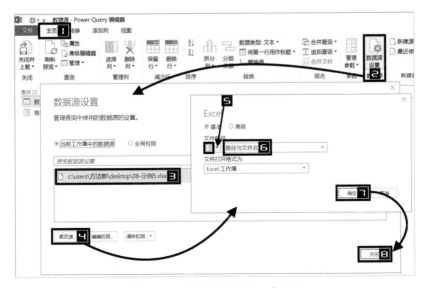

图 8-114 将数据源设置为参数值

最终效果 当文件的路径或文件名更改后，进入"异空间"修改参数数据即可正常显示，如图 8-115 所示。

图 8-115 修改参数后数据正常显示

8.5.2 用单元格控制数据源

解决方案：利用M公式等功能实现。

第1步 在"数据源"工作表以外的任意空单元格里输入路径与文件名，如图 8-116 所示。

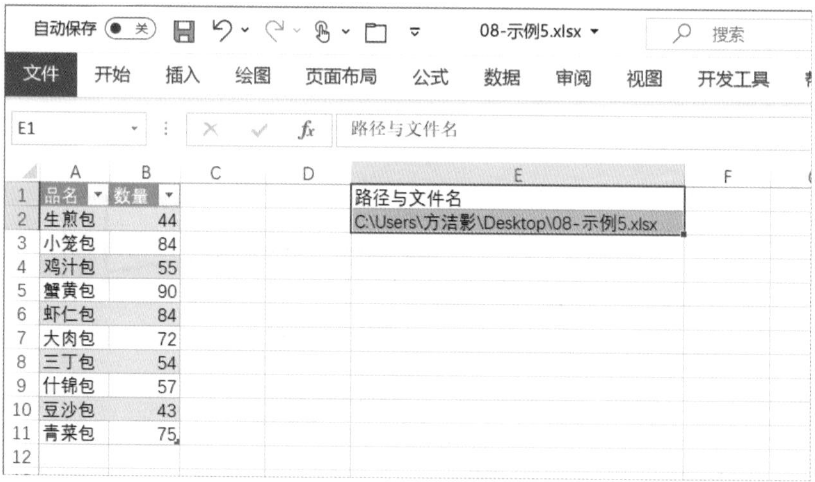

图 8-116 在空单元格中输入路径与文件名

第2步 选取路径与文件名单元格，以【自表格/区域】的方式进入"异空间"，在【创建表】对话框中勾选【表包含标题】复选框。

第3步 选取"数据源"查询表的"源"步骤，如图 8-117 所示，修改M公式如下：

```
= Excel.Workbook(File.Contents( 表 2{0}[ 路径与文件名 ]), null, true)
```

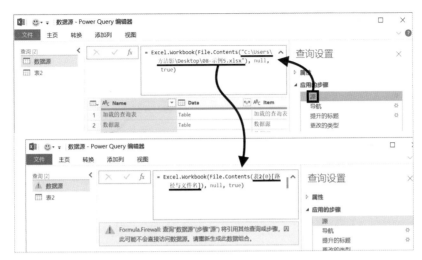

图 8-117 修改 M 公式

第 4 步 单击【文件】选项卡下的【选项和设置】下拉按钮，选择下拉选项中的【查询选项】，在弹出的【查询选项】对话框中将当前工作簿的【隐私】设置成【忽略隐私级别并可能提升性能】后，单击【确定】按钮，如图 8-118 所示。

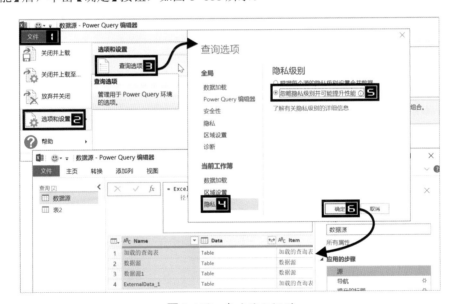

图 8-118 忽略隐私级别

第 5 步 单击【主页】选项卡下的【刷新预览】按钮。

第 6 步 单击【主页】选项卡下的【关闭并上载】下拉按钮，在下拉选项中选择【关闭并上载至…】，在弹出的【加载列】对话框中选择显示方式为【仅创建连接】，单击【加载】按钮。

最终效果 当文件的路径或文件名更改后，无须进入"异空间"，直接修改单元格中的路径与文件名后刷新数据即可，如图 8-119 所示。

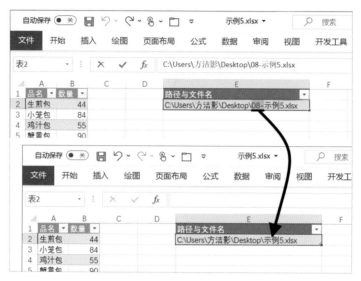

图 8-119 直接在单元格中修改路径与文件名

8.5.3 自动更新数据源

解决方案：利用工作表函数和 M 公式等功能实现。

第 1 步 在"数据源"工作表以外的任意空单元格里输入路径与文件名，如图 8-120 所示，具体的路径与文件名使用以下公式：

```
=CELL("filename")
```

图 8-120 使用工作表函数提取路径与文件名

第 2 步 选取路径与文件名单元格，以【自表格/区域】的方式进入"异空间"，在【创建表】对话框中勾选【表包含标题】复选框。

第 3 步 单击【转换】选项卡下的【提取】下拉按钮，从下拉选项中选择【分隔符之前的文本】，在弹出的【分隔符之前的文本】对话框里填写分隔符为"]"后，单击【确定】按钮，如图 8-121所示。

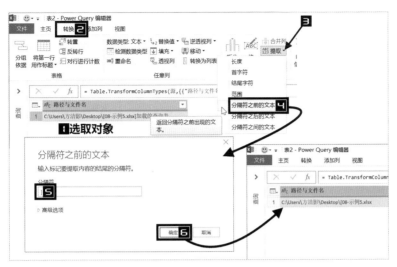

图 8-121 提取"]"之前的文本

第 4 步 单击【主页】选项卡下的【替换值】按钮，在弹出的【替换值】对话框里填写【要查找的值】为"["，单击【确定】按钮，如图 8-122 所示。

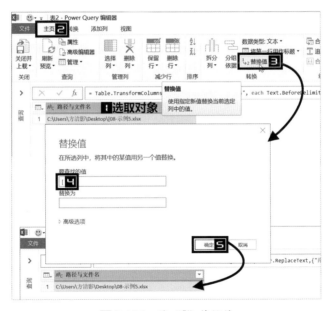

图 8-122 将"["替换掉

第 5 步 选取"数据源"查询表的"源"步骤，修改 M 公式如下：

```
= Excel.Workbook(File.Contents( 表 2{0}[ 路径与文件名 ]), null, true)
```

第 6 步 单击【文件】选项卡下的【选项和设置】下拉按钮，在下拉选项中选择【查询选项】，在弹出的【查询选项】对话框中将【当前工作簿】的【隐私】设置成【忽略隐私级别并可能提升性能】后，单击【确定】按钮。

第7步 单击【主页】选项卡下的【刷新预览】按钮。

第8步 单击【主页】选项卡下的【关闭并上载】下拉按钮，在下拉选项中选择【关闭并上载至…】，

在弹出的【加载列】对话框中选择显示方式为【仅创建连接】，单击【加载】按钮。

最终效果 当文件的路径或文件名被更改后，无须任何操作，查询表即可正常刷新。

随着最后一个示例的结束，本书所有的内容也结束了，但是"异空间"的传说还在继续……

在愉快中交流

在交流中学习

在学习中成长